KLAUSUREN

Mathematik Oberstufe

Claudia Hagan

STARK

Bildnachweis

Umschlag: © Claudia Dewald – istockphoto.com
Seite 1: Bild: Bernhard Friedrich – http://commons.wikimedia.org/wiki/File:Rodeo_slackline_graz.jpg. Lizenziert unter der Creative Commons-Lizenz „Attribution ShareAlike 3.0".
Seite 45: © Agencyby / Dreamstime.com
Seite 83: © S. Hofschlaeger / PIXELIO
Seite 117: © Bruce Riccitelli / Dreamstime.com

www.stark-verlag.de
1. Auflage 2009

Inhalt

Klausuren zum Themenbereich 3: Flächeninhalt und bestimmtes Integral – Weitere Eigenschaften von Funktionen und deren Graphen – Binomialverteilung und ihre Anwendung in der beurteilenden Statistik 83

Autorin: Claudia Hagan

Vorwort

Liebe Schülerin, lieber Schüler,

die Inhalte des Mathematikunterrichts in der Qualifikationsphase der Oberstufe werden drei großen Themengebieten zugeordnet, in denen Sie alle am Ende Ihr schriftliches Abitur ablegen werden:

- Analysis, Infinitesimalrechnung (ca. 50 %)
- Wahrscheinlichkeitsrechnung, Stochastik und Statistik (ca. 25 %)
- Analytische Geometrie (ca. 25 %)

Pro Kurshalbjahr wird eine Klausur geschrieben. Dieses Buch hilft Ihnen mit entsprechend zusammengestellten **Musterklausuren** bei der gezielten Vorbereitung auf diese Prüfungen. Abhängig davon, ob diese sehr früh oder sehr spät im Halbjahr stattfinden, können Sie anhand des Inhaltsverzeichnisses individuell die für Sie passenden Klausuren heraussuchen.

Bei der Stoffverteilung handelt es sich in Mathematik grundsätzlich nicht um Semesterstoff, sondern um Jahresstoff. Dieses Buch ist so konzipiert, dass die ersten beiden Themenbereiche den Stoff der Jahrgangsstufe 11 abdecken und die übrigen zwei den Stoff der Jahrgangsstufe 12. Durch eventuelle Stoffumstellungen, sehr frühem oder sehr spätem Termin für eine Klausur können sich wichtige Inhalte Ihrer **individuellen Klausurvorbereitung** auch in einem anderen Bereich finden, als diese Einteilung vermuten lässt. In Jahrgangsstufe 12 können auch Bereiche aus Jahrgangsstufe 11 als Grundwissen abgeprüft werden.

Dieser Klausurentrainer bietet Ihnen sorgfältig konzipierte und im Mathematikunterricht erprobte Aufgaben mit **ausführlich kommentierten Lösungen**. Zusätzlich ermöglichen Ihnen folgende Elemente eine Einschätzung des eigenen Leistungsstandes sowie eine optimale Vorbereitung auf die Prüfungssituation:

- **Hinweise und Tipps** helfen Ihnen, wenn Ihnen der Einstieg in eine Aufgabe schwerfällt. Diese finden Sie zwischen der Aufgabenstellung und den ausführlichen Lösungen. Sie sollten diese bei Unsicherheiten zurate ziehen, bevor Sie sich gleich die Gesamtlösung ansehen.

- Die **Bearbeitungszeit** für jede Klausur beträgt **60 Minuten**, hinzu kommen 5 bis 15 Minuten zum Einlesen. Aufgaben mit Anwendungsorientierung erfordern grundsätzlich mehr Einlesezeit.

- Pro Klausur können maximal **40 Bewertungseinheiten** erreicht werden. In der Oberstufe greift in Mathematik grundsätzlich ein Notenschlüssel von 20 % – 40 % – 55 % – 70 % – 85 % – 100 % auf die Notenstufen 6, 5, 4, 3, 2, 1. Pädagogisch gesetzte minimale Abweichungen von diesem sind möglich und sinnvoll. In der Tabelle sehen Sie eine mögliche BE-Punkte-Zuordnung.

Punkteschlüssel								
Punkte	15	14	13	12	11	10	9	8
BE	40–39	38–37	36–35	34–33	32–31	30–29	28–27	26–25
Punkte	7	6	5	4	3	2	1	0
BE	24–23	22–21	20–19	18–17	16–15	14–12	11–9	8–0

- Die Zahl der „Nüsse" im Aufgabenteil informiert Sie über den **Schwierigkeitsgrad** einer Aufgabe.

  einfach
  mittel
  schwer

- Die **Merkhilfe** für Mathematik, auf die in den Lösungen bei Formeln und Regeln verwiesen wird, finden Sie im Internet auf den Seiten des bayerischen Staatsinstituts für Schulqualität und Bildungsforschung (www.isb.bayern.de) unter den Materialien.

Bei gewissenhafter und kontinuierlicher Arbeit mit diesem Klausurentrainer gelingt es Ihnen sicher, Ihren momentanen Leistungsstand rasch und sicher einzuschätzen und, wenn nötig, eine schnelle positive Änderungsrate in die Wege zu leiten.

Ich bin überzeugt, dass dieses Buch eine gute Mischung aus klassischen, aber auch innovativen Aufgaben in der richtigen Gewichtung bietet, und wünsche Ihnen allen viel Erfolg in Ihren Klausuren und dem Abitur!

Claudia Hagan

Claudia Hagan

Klausuren zum Themenbereich 1

- Änderungsverhalten von Funktionen
- Koordinatengeometrie im Raum: Punkte und Vektoren

Klausur 1

BE

1 Gegeben sind folgende Funktionen f, g und h. Berechnen Sie die zugehörigen Ableitungsfunktionen. Die Termvereinfachung ist nicht verlangt.

a) $f\colon x \mapsto \frac{1}{4}x^5 - 3x^3 - 5x + 1$ — 1

b) $g\colon x \mapsto 3(x^2 + 5x + 1)(-x^3 + 7x - 1)$ — 2

c) $h\colon x \mapsto \frac{5x^3 - 1}{x^2 + 1}$ — 2

2 Geben Sie den Funktionsterm f(x) einer Funktion an, die sich ohne Absetzen des Stifts zeichnen lässt und an der Stelle $x = 5$ definiert, aber nicht differenzierbar ist.
Beschreiben Sie Ihr Vorgehen und zeichnen Sie den Graphen Ihrer Funktion in der Umgebung der Stelle $x = 5$. — 3

3 Geben Sie einen Term einer ganzrationalen Funktion f an, die folgende Bedingungen erfüllt:
(1) Bei $x = 1$ hat der Graph von f eine waagrechte Tangente.
(2) Die Steigung des Graphen von f ist nie positiv.
Beschreiben Sie Ihren Lösungsweg. — 4

4 Bestimmen Sie einen Term einer gebrochenrationalen Funktion f, die folgende drei Bedingungen erfüllt:
- G_f hat die schräge Asymptote $a(x) = 2x - 1$.
- G_f hat die senkrechte Asymptote $x = -3$.
- G_f hat eine Nullstelle $N(0\,|\,0)$.

Dokumentieren Sie Ihren Lösungsweg. — 5

5 Gegeben ist die Funktion $f\colon x \mapsto x^3 - 10{,}5x^2 + 30x - 22{,}5;\ x \in \mathbb{R}$

a) Geben Sie das Verhalten im Unendlichen an.
Notieren Sie den Schnittpunkt von G_f mit der y-Achse.
Fertigen Sie eine Grobskizze für den möglichen Verlauf des Graphen G_f an. — 2

b) Bestimmen Sie die Punkte mit waagrechter Tangente rechnerisch.
Schließen Sie auf Monotonie und Art der Extrema. Argumentieren Sie anschaulich. — 7

c) Zeigen Sie, dass G_f für $x \in]1; 1,5[$ eine Nullstelle hat.
Ermitteln Sie dann in $T(1 \mid f(1))$ die Gleichung der Tangente t an G_f.
Zeichnen Sie auf einem separaten Blatt die Tangente und den Graphen der Funktion G_f unter Verwendung aller bisherigen Ergebnisse.
Platzbedarf in y-Richtung: $-23 < y < 5$
[Zwischenergebnis: $t(x) = 12x - 14$] 8

d) Wenden Sie die Newton-Formel auf den Punkt T als Startwert an.
Was stellt der errechnete x_1-Wert dar?
Erläutern Sie ausführlich unter Verwendung der Fachsprache das Newton-Verfahren. 6

Hinweise und Tipps

1 Ableitungsregeln anwenden (Merkhilfe!).

2 Standardbeispiel einer nicht differenzierbaren Funktion: Betragsfunktion

3 Stellen Sie zuerst einen möglichen Term der Ableitungsfunktion f' auf und schließen Sie dann auf f(x).

4 Lösungsansatz: $f(x) = a(x) + r(x)$; r(x) echt gebrochenrationaler Anteil.

5
- Das Verhalten im Unendlichen wird nur durch die höchste Potenz von x bestimmt.
- Die Grobskizze des Graphen G_f kann für die folgenden Aufgaben nützlich sein.
- Benutzen Sie für b die Merkhilfe.
- Berechnen Sie bei c die Funktionswerte der gegebenen Intervallgrenzen.
- Für die Gleichung der Tangente benötigen Sie deren Steigung sowie einen Punkt.
- Die Merkhilfe enthält die Newton-Formel. Vorgehensweise möglichst gut in Worte fassen.

Vertiefende Hinweise zum Lösen der Aufgaben finden Sie in
Abitur-Training Analysis (Buch-Nr.: 9400218)

Lösung

BE

1 a) 🕓 1 Minute, 🌰

$$f(x) = \frac{1}{4}x^5 - 3x^3 - 5x + 1$$

$$\Rightarrow \quad f'(x) = \frac{5}{4}x^4 - 9x^2 - 5$$ 1

b) 🕓 3 Minuten, 🌰

$$g(x) = 3 \cdot [\underbrace{(x^2 + 5x + 1)}_{u(x)} \underbrace{(-x^3 + 7x - 1)}_{v(x)}]$$

$$\Rightarrow \quad g'(x) = 3 \cdot [\underbrace{(2x + 5)}_{u'(x)} \underbrace{(-x^3 + 7x - 1)}_{v(x)}$$ Produktregel 1

$$+ \underbrace{(x^2 + 5x + 1)}_{u(x)} \underbrace{(-3x^2 + 7)}_{v'(x)}]$$ 1

c) 🕓 3 Minuten, 🌰

$$h(x) = \frac{5x^3 - 1}{x^2 + 1}$$

$$h'(x) = \frac{(x^2 + 1) \cdot 15x^2 - (5x^3 - 1) \cdot 2x}{(x^2 + 1)^2}$$ Quotientenregel 2

2 🕓 6 Minuten, 🌰🌰

Die Betragsfunktion $g(x) = |x|$ lässt sich z. B. an der Stelle $x = 0$ ohne Absetzen des Stifts durchzeichnen, ist dort aber nicht differenzierbar; ihr Graph hat an dieser Stelle einen Knick. Die gesuchte Funktion soll diese Eigenschaften bei $x = 5$ aufweisen. Um dies zu erreichen, verschiebt man den Graphen der Betragsfunktion um 5 Einheiten nach rechts. 1

Die zugehörige Funktionsgleichung lautet:

$f(x) = |x - 5|$ 1

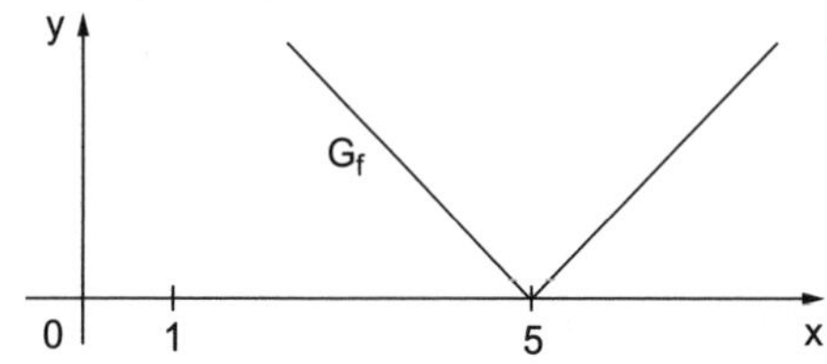

1

3 7 Minuten,

Wenn G_f bei $x = 1$ eine waagrechte Tangente haben soll, muss $x = 1$ eine Nullstelle von f' sein; damit ist $(x - 1)$ ein Faktor von $f'(x)$. Da $f'(x) \leq 0$ gelten soll, kann es heißen:

$$f'(x) = \underbrace{- \underbrace{(x-1)^2}_{=0 \text{ für } x=1}}_{\leq 0}$$ 2

$$f'(x) = -(x^2 - 2x + 1) = -x^2 + 2x - 1$$ 1

$$\Rightarrow \quad f(x) = -\frac{1}{3}x^3 + x^2 - x$$ Stammfunktion bilden (hier Konstante $C = 0$) 1

4 6 Minuten,

Eine gebrochenrationale Funktion mit schräger Asymptote lässt sich folgendermaßen darstellen: $f(x) = a(x) + r(x)$. Dabei stellt a(x) die schräge Asymptote und r(x) einen echt gebrochenrationalen Teil dar. An der Nullstelle des Nenners von r(x) besitzt der Graph von f eine senkrechte Asymptote. 2

Mit den Angaben folgt:

$$f(x) = \underbrace{2x - 1}_{\text{schräge Asymptote}} + \frac{b}{\underbrace{x+3}}$$ 1

echt gebrochenrationaler Anteil
$x = -3$ ist Nullstelle des Nenners.

Der Parameter b wird nun so bestimmt, dass $f(0) = 0$ gilt:

$$f(0) = -1 + \frac{b}{3} = 0 \quad \Leftrightarrow \quad b = 3$$ 1

$$\Rightarrow \quad f(x) = 2x - 1 + \frac{3}{x+3}$$ 1

5 $f(x) = x^3 - 10{,}5x^2 + 30x - 22{,}5$

a) 3 Minuten,

Verhalten im Unendlichen:

$$\lim_{x \to +\infty} f(x) = +\infty$$ 0,5

$$\lim_{x \to -\infty} f(x) = -\infty$$ 0,5

Nicht verlangt: grad $f = 3$, $a_3 = 1 > 0$

G_f verhält sich für $x \to \pm\infty$ wie $g(x) = x^3$.

Schnittpunkt mit der y-Achse:

$f(0) = -22{,}5 \;\Rightarrow\; S(0\,|\,-22{,}5)$ 0,5

Skizze:

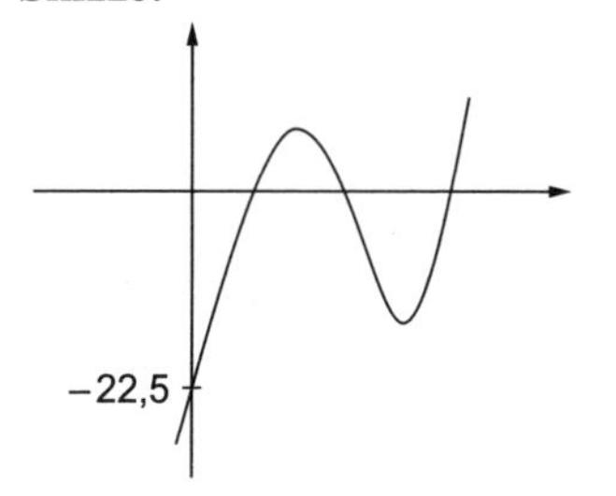

0,5

b) 🕒 10 Minuten,

Extremwerte:

Ansatz $f'(x) = 0$

$f'(x) = 3x^2 - 21x + 30$ 1

$= 3(x^2 - 7x + 10)$

$= 3(x-2)(x-5)$

Linearfaktorzerlegung (Satz von Vieta)

$f'(x) = 0 \;\Leftrightarrow\; x_1 = 2;\ x_2 = 5$

Falls man die Faktorzerlegung von f' nicht sieht, verwendet man die Lösungsformel für quadratische Gleichungen:

$x^2 - 7x + 10 = 0$

$$x_{1/2} = \frac{7 \pm \sqrt{7^2 - 4 \cdot 1 \cdot 10}}{2 \cdot 1}$$

Lösungsformel für quadratische Gleichungen (Merkhilfe)

$$= \frac{7 \pm \sqrt{49 - 40}}{2}$$

$$= \frac{7 \pm 3}{2} \;\Rightarrow\; x_1 = 2;\ x_2 = 5$$ 2

y-Werte:

$f(2) = 2^3 - 10{,}5 \cdot 2^2 + 30 \cdot 2 - 22{,}5 = 3{,}5$

$f(5) = -10$

$\Rightarrow$ $P(2\,|\,3{,}5)$ 1

$Q(5\,|\,-10)$ 1

Aus dem in Teilaufgabe a skizzierten Kurvenverlauf und dem Verhalten im Unendlichen erkennt man, dass P ein lokales Maximum und Q ein lokales Minimum ist. 1

Monotonie:

$x < 2$: G_f steigt

$2 < x < 5$: G_f fällt

$x > 5$: G_f steigt

Die Monotonie von G_f ergibt sich aus der Art der Extrema. 1

c) 11 Minuten,

Nachweis der Nullstelle:

$f(1) = 1 - 10,5 + 30 - 22,5 = -2 < 0$ 1

$f(1,5) = 1,5^3 - 10,5 \cdot 1,5^2 + 30 \cdot 1,5 - 22,5 = 2,25 > 0$ 1

$\Rightarrow$ Die ganzrationale Funktion f muss im Intervall $x \in \,]1; 1,5[$ eine Nullstelle haben. 1

Tangente in T:

$T(1|-2)$

Tangentengleichung: $t(x) = mx + t$

$m = f'(1) = 3(1 - 7 + 10) = 12$ 1

$\Rightarrow \quad t(x) = 12x + t$

T einsetzen:

$-2 = 12 \cdot 1 + t$

$-14 = t$ 1

$\Rightarrow \quad t(x) = 12x - 14$

Zeichnung:

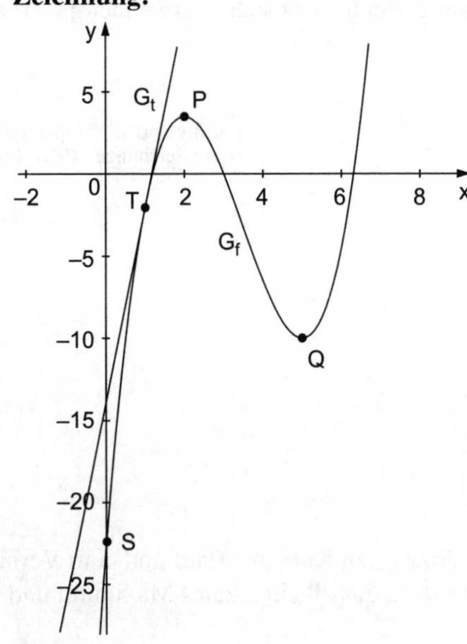

3

d) 10 Minuten,

$$x_1 = x_0 - \frac{f(x_0)}{f'(x_0)}; \quad x_0 = 1$$

Newton-Formel mit x-Wert von T als Startwert

$$f(1) = -2$$
$$f'(1) = 12$$

1

$$x_1 = 1 - \frac{-2}{12}$$

Einsetzen in die Newton-Formel

$$x_1 = 1 + \frac{1}{6}$$
$$x_1 = 1\frac{1}{6}$$

1

Dies ist die Nullstelle der Tangente in T:

$$t(x) = 0$$
$$12x - 14 = 0$$
$$12x = 14$$
$$x = 1\frac{1}{6}$$

$$\Rightarrow \quad N_t\left(1\tfrac{1}{6}\,\middle|\,0\right)$$

1

Beschreibung des Newton-Verfahrens:
Man findet einen Punkt auf dem Funktionsgraphen in der Nähe der Nullstelle der Funktion (z. B. T(1 | –2)). Nun stellt man eine lineare Näherung der Funktion (Tangente) in diesem Punkt auf und bestimmt deren Nullstelle. Alternativ zum Aufstellen der Tangente kann man die Newton-Formel nutzen.
Um genauer zu arbeiten, kann dieses Verfahren wiederholt verwendet werden mit den jeweils neuen Startwerten. So gelangt man immer näher zur Nullstelle. Die Tangentenstücke geben die Funktion immer genauer an.

3

Klausur 2

BE

1 Berechnen Sie die Ableitung folgender Funktionen. Termvereinfachung ist nicht erforderlich.

$f\colon x \mapsto (3x^2 + 7x - 8)(5x^4 - 15x^2 + 8x)$

$g\colon x \mapsto \dfrac{2x+5}{7x^2+10}$ 4

2 Gegeben ist die Funktion

$f\colon x \mapsto \dfrac{1}{4}(x^3 - 11x^2 + 24x)$

Diskutieren Sie die Funktion f in Bezug auf

- Verhalten im Unendlichen,
- Nullstellen,
- Extrema nach Art und Lage.

Zeichnen Sie basierend auf den bislang gewonnenen Ergebnissen den Graphen von f. 12

3 Ein neu entwickeltes Arzneimittel soll hergestellt werden. Die Herstellungskosten können durch folgende Funktion beschrieben werden:

$f\colon x \mapsto 1\,000 \cdot \dfrac{bx+c}{x+3}; \quad x \in \mathbb{R}_0^+; \; b > 0, c > 0$

f gibt die Kosten für die x-te Produktionseinheit an.

a) Begründen Sie Folgendes:
- In der Praxis können für x nur natürliche Zahlen eingesetzt werden.
- Die mathematische Beschreibung $x \in \mathbb{R}_0^+$ ist notwendig, damit die Funktion differenziert werden kann. 2

b) Errechnen Sie den Zusammenhang zwischen b und c so, dass die Herstellungskosten mit steigender Produktion sinken.
Dokumentieren Sie auch Ihren Gedankengang. 4

c) Die fünfte Produktionseinheit herzustellen kostet 90 000 €, die zwanzigste Einheit kostet 54 000 €. Berechnen Sie die beiden Parameter b und c. 6

[Zwischenergebnis: $f\colon x \mapsto 1\,000 \cdot \dfrac{34{,}8x + 546}{x+3}$]

d) Berechnen Sie, mit welchen Herstellungskosten man bei langfristig andauernder Produktion rechnen muss.
Begründen Sie Ihr Vorgehen. 2

e) Zeigen Sie, dass gilt:
$f'(x) = -441\,600 \cdot \frac{1}{(x+3)^2}$ 3

f) Schätzen Sie ab, ab der wievielten Produktionseinheit sich die Herstellungskosten für zwei aufeinanderfolgende Einheiten um weniger als 1 000 € unterscheiden.
Dokumentieren Sie Ihre Vorgehensweise ausführlich. 7

Hinweise und Tipps

1 Ableitungsregeln anwenden (Merkhilfe!).

2
- Das Verhalten im Unendlichen wird durch den Summanden mit der höchsten Potenz von x sowie dessen Vorfaktor bestimmt.
- Nullstellen: Ausklammern, Lösungsformel für quadratische Gleichungen anwenden (siehe Merkhilfe)
- Ableitung bilden und gleich null setzen liefert die x-Werte der möglichen Extrema, über den Verlauf des Graphen können Sie auf ein Maximum bzw. Minimum schließen.

3
- Überlegen Sie bei Aufgabe a, wie der Differenzialquotient definiert ist.
- Berechnen Sie $f'(x)$ in Abhängigkeit von b, c und x.
- Bestimmen Sie mittels einer Ungleichung einen Zusammenhang zwischen b und c, sodass für alle $x \in \mathbb{D}_f$ gilt: $f'(x) < 0$
- Erstellen Sie bei Aufgabe c ein lineares Gleichungssystem (LGS) zur Bestimmung von b und c.
- Mögliche Lösungsvarianten eines LGS: Gleichsetzungsverfahren (nach Auflösung), Einsetzverfahren, Additionsverfahren
- Betrachten Sie bei Aufgabe d das Verhalten der Funktion für $x \to \infty$.
- Wenn Aufgabe b erfolgreich gelöst wurde, können Sie für Aufgabe e damit weiterrechnen und Ihre Ergebnisse aus Teil c einsetzen.
- Alternative: Zwischenergebnis aus Aufgabe c verwenden
- Der Begriff „Abschätzen" bei Aufgabe f deutet auf eine Näherungslösung hin.
- Denken Sie an die Änderungsrate.

Vertiefende Hinweise zum Lösen der Aufgaben finden Sie in
Abitur-Training Analysis (Buch-Nr.: 9400218)

1.3 Ganzrationale Funktionen
1.4 Gebrochenrationale Funktionen
2.2 Schnittpunkte des Funktionsgraphen mit den Koordinatenachsen
3.1 Grenzwerte vom Typ $x \to \pm\infty$
4.1 Differenzierbarkeit
4.2 Ableitungsregeln
5.1 Steigungsverhalten
5.2 Relative Extrema

Lösung

BE

1 6 Minuten,

$f(x) = (3x^2 + 7x - 8)(5x^4 - 15x^2 + 8x)$

$f'(x) = (6x + 7) \cdot (5x^4 - 15x^2 + 8x)$ — Produktregel — 1

$+ (3x^2 + 7x - 8) \cdot (20x^3 - 30x + 8)$ — 1

$g(x) = \frac{2x + 5}{7x^2 + 10}$

$g'(x) = \frac{(7x^2 + 10) \cdot 2 - (2x + 5) \cdot 14x}{(7x^2 + 10)^2}$ — Quotientenregel — 2

2 15 Minuten, /

$f(x) = \frac{1}{4}(x^3 - 11x^2 + 24x)$

Verhalten im Unendlichen:

$\lim_{x \to +\infty} f(x) = +\infty$ — 0,5

Typ: $f(x) \approx g(x) = \frac{1}{4}x^3$

$\lim_{x \to -\infty} f(x) = -\infty$ — 0,5

Nullstellen:

$f(x) = \frac{1}{4}x(x^2 - 11x + 24) = 0$ — x lässt sich ausklammern.

$x_1 = 0$ oder $x^2 - 11x + 24 = 0$

$N_1(0|0)$ — 1

$x_{2/3} = \frac{11 \pm \sqrt{121 - 4 \cdot 1 \cdot 24}}{2}$ — Einsetzen in die Lösungsformel (Merkhilfe)

$= \frac{11 \pm 5}{2}$

$\Rightarrow\ x_2 = 3;\ x_3 = 8$

$N_2(3|0)$ — 1

$N_3(8|0)$ — 1

Extrema:

$$f'(x) = \frac{1}{4}(3x^2 - 22x + 24) \qquad 1$$

$$f'(x) = 0$$

$$3x^2 - 22x + 24 = 0$$

$$x_{1/2} = \frac{22 \pm \sqrt{22^2 - 4 \cdot 3 \cdot 24}}{6}$$

$$= \frac{22 \pm \sqrt{196}}{6}$$

$$= \frac{22 \pm 14}{6}$$

$$x_1 = \frac{8}{6} = \frac{4}{3}; \; x_2 = 6 \qquad 2$$

$$f\left(\frac{4}{3}\right) = \frac{100}{27} \approx 3,70 \qquad P\left(1\frac{1}{3} \,\middle|\, 3,70\right) \qquad 1$$

$$f(6) = -9 \qquad Q(6\,|\,-9) \qquad 1$$

Wegen des Graphenverlaufs muss P Maximum und Q Minimum sein. 1

Zeichnung:

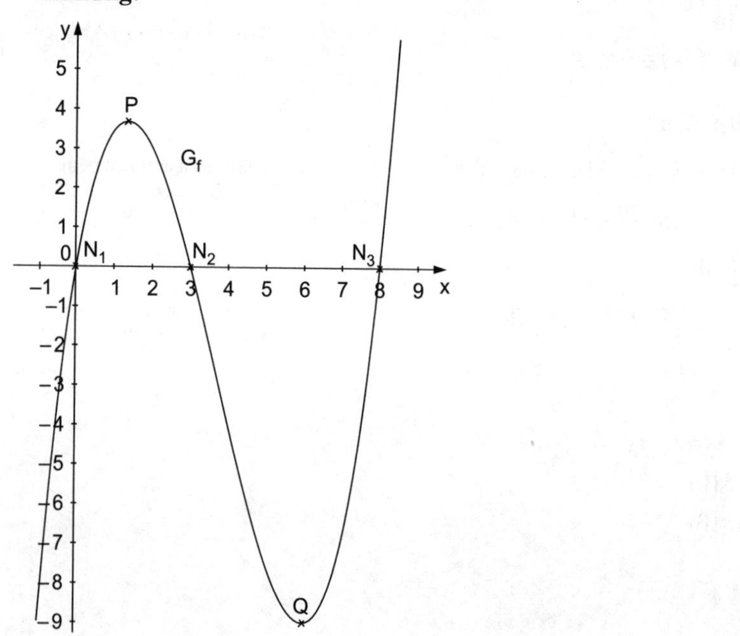

2

3 $f(x) = 1\,000 \cdot \frac{bx + c}{x + 3}$

a) 🕓 3 Minuten,

Praxis z. B:

$x = 1 \Rightarrow$ 1. Produktionseinheit

$x = 5 \Rightarrow$ 5. Produktionseinheit

$x = 7{,}3 \Rightarrow$ 7,3. Produktionseinheit, dies ist nicht sinnvoll. 1

Mathematik:

Um die Ableitung f'(x) nutzen zu können, muss die Funktion f in einer Teilmenge von ℝ definiert sein, weil: 0,5

$$f'(x_0) = \lim_{x \to x_0} \frac{f(x) - f(x_0)}{x - x_0}$$ 0,5

b) 🕓 8 Minuten,

Herstellungskosten sinken, d. h. f(x) soll abnehmen, also muss $f'(x) < 0$ gelten. 1

$$f'(x) = 1\,000 \cdot \frac{(x+3)b - (bx+c) \cdot 1}{(x+3)^2}$$ Quotientenregel 1

$$= 1\,000 \cdot \frac{bx + 3b - bx - c}{(x+3)^2}$$ 0,5

$$= 1\,000 \cdot \frac{3b - c}{(x+3)^2}$$ 0,5

$f'(x) < 0$ für $3b - c < 0$ $b > 0, c > 0$ 1

$c > 3b$

c) 🕓 8 Minuten,

(1) $x = 5 \triangleq y = 90\,000$ (€)

(2) $x = 20 \triangleq y = 54\,000$ (€)

Es ist jeweils x in f einzusetzen, dann entsteht ein lineares Gleichungssystem (LGS), aus dem b und c berechnet werden können:

(1) $f(5) = 1\,000 \cdot \frac{5b + c}{8} \overset{!}{=} 90\,000$ 0,5

$$1\,000 \cdot \frac{5b + c}{8} = 90\,000 \quad | \cdot 8 \quad | : 1\,000$$

$5b + c = 720$ Vereinfachen 1

(2) $f(20) = 1\,000 \cdot \frac{20b+c}{23} \stackrel{!}{=} 54\,000$ 0,5

$$1\,000 \cdot \frac{20b+c}{23} = 54\,000 \quad |\cdot 23 \quad |:1\,000$$

$$20b + c = 1\,242$$ Vereinfachen 1

LGS:
(1) $5b + c = 720$
(2) $20b + c = 1\,242$ 1

Beim Additions-/Subtraktionsverfahren muss immer eine Variable wegfallen.
Einfachste Lösung: $(2)-(1) \rightarrow$ c fällt weg.

$15b = 1\,242 - 720$
$15b = 522 \quad |:15$
$b = 34{,}8$ 1

In (1) einsetzen:
$5 \cdot 34{,}8 + c = 720$
$c = 546$ 1

d) 3 Minuten, /
Langfristig andauernde Produktion bedeutet $x \rightarrow +\infty$. 0,5

$$\lim_{x \to +\infty} 1\,000 \cdot \frac{34{,}8x + 546}{1 \cdot x + 3} = 1\,000 \cdot \frac{34{,}8}{1}$$ Nennergrad und Zählergrad sind beide gleich 1. 1

$$= 34\,800$$ 0,5

Man muss bei langfristig andauernder Produktion mit 34 800 € Herstellungskosten rechnen.

e) 6 Minuten,
Aus Aufgabe b:

$$f'(x) = \frac{1\,000 \cdot (3b - c)}{(x+3)^2}$$ 2

$$f'(x) = \frac{1\,000 \cdot (3 \cdot 34{,}8 - 546)}{(x+3)^2}$$ b = 34,8, c = 546 einsetzen 1

$$= -441\,600 \cdot \frac{1}{(x+3)^2}$$

Alternativ: angegebenes Zwischenergebnis von Aufgabe c ableiten

$$f(x) = 1\,000 \cdot \frac{34{,}8x + 546}{x+3}$$

$$f'(x) = 1\,000 \cdot \frac{(x+3) \cdot 34{,}8 - (34{,}8x + 546) \cdot 1}{(x+3)^2}$$ Quotientenregel (2)

$$= 1\,000 \cdot \frac{34{,}8x + 3 \cdot 34{,}8 - 34{,}8x - 546}{(x+3)^2}$$ (1)

$$= -441\,600 \cdot \frac{1}{(x+3)^2}$$

f) 11 Minuten,

Die lokale Änderungsrate muss betragsmäßig kleiner als 1 000 sein, 1
d. h. $|f'(x)| < 1\,000$. 1

$$+441\,600 \cdot \frac{1}{(x+3)^2} < 1\,000 \qquad |:1\,000$$

$$441{,}6 \cdot \frac{1}{(x+3)^2} < 1 \qquad |\cdot (x+3)^2$$

$$441{,}6 < (x+3)^2$$ 1

Zugehörige Gleichung lösen:

$$(x+3)^2 = 441{,}6 \qquad |\sqrt{\ }$$ 1

$$x + 3 = \pm\sqrt{441{,}6} \qquad |-3$$

$$x = -3 \pm \sqrt{441{,}6}$$

$$x_1 \approx 18{,}014$$ Die 2. Lösung ist negativ und entfällt daher. 1

Für $x > 18$ ist
$(x+3)^2 > 441{,}6$
(vgl. Skizze rechts). 1

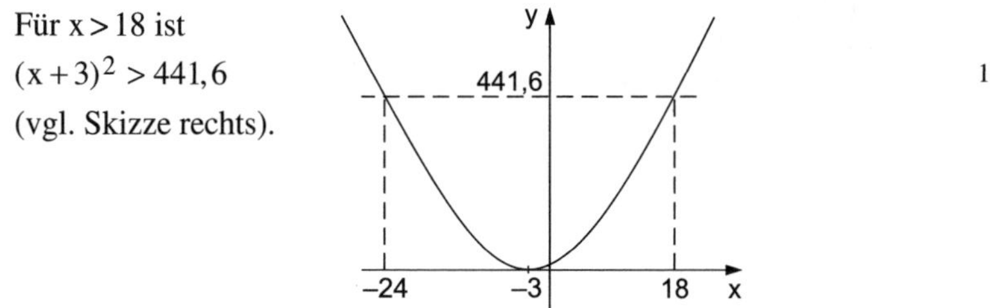

Ab der 18./19. Produktionseinheit unterscheiden sich die Kosten zweier aufeinanderfolgender Einheiten um weniger als 1 000 €. 1

Hinweis:
Prinzipiell ist auch folgende Lösung denkbar, die aber einen (zu) großen Aufwand im Rechnen bedeutet:
$|f(x+1)-f(x)|<1\,000$
Sie erklärt aber noch mal den Ansatz $|f'(x)|<1\,000$, denn wegen $\Delta x=(x+1)-x=1$ stellt $\left|\frac{f(x+1)-f(x)}{1}\right|$ den Differenzenquotienten der Funktion f dar, der für die Abschätzung durch den Differenzialquotienten ersetzt wird.

Klausur 3

BE

1 Gegeben ist die Funktion

$f\colon\ x \mapsto x^2 - 6x + 4.$

Bestimmen Sie eine Stammfunktion F zu f, die mindestens eine Nullstelle hat, und geben Sie diese Nullstelle N_1 an.
Bestimmen Sie dann die beiden anderen Nullstellen der Funktion F. — 6

2 Gegeben sind die Graphen dreier Funktionen f, g, h sowie sechs weitere Graphen, darunter auch die Graphen der Ableitungsfunktionen dieser drei Funktionen. Ordnen Sie den drei Funktionen jeweils ihre Ableitungsfunktion zu und begründen Sie Ihre Entscheidung ausführlich und gründlich. Argumentieren Sie unter Verwendung der Fachsprache. — 9

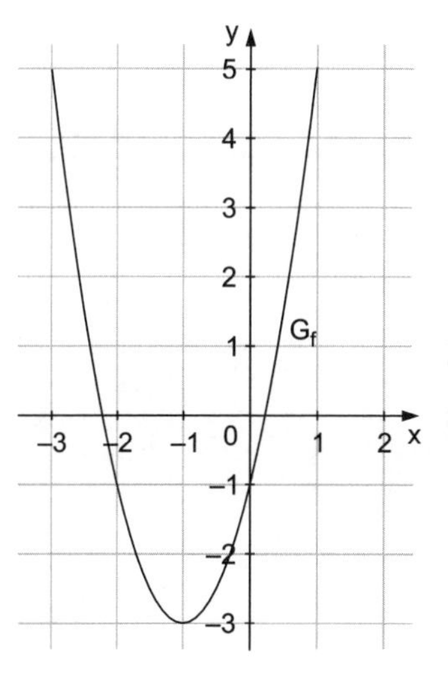

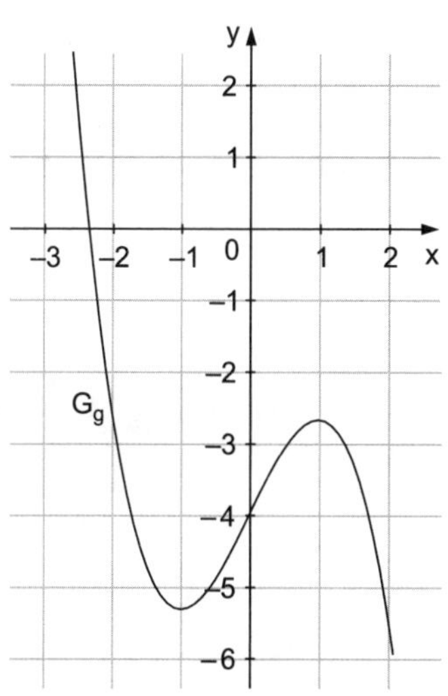

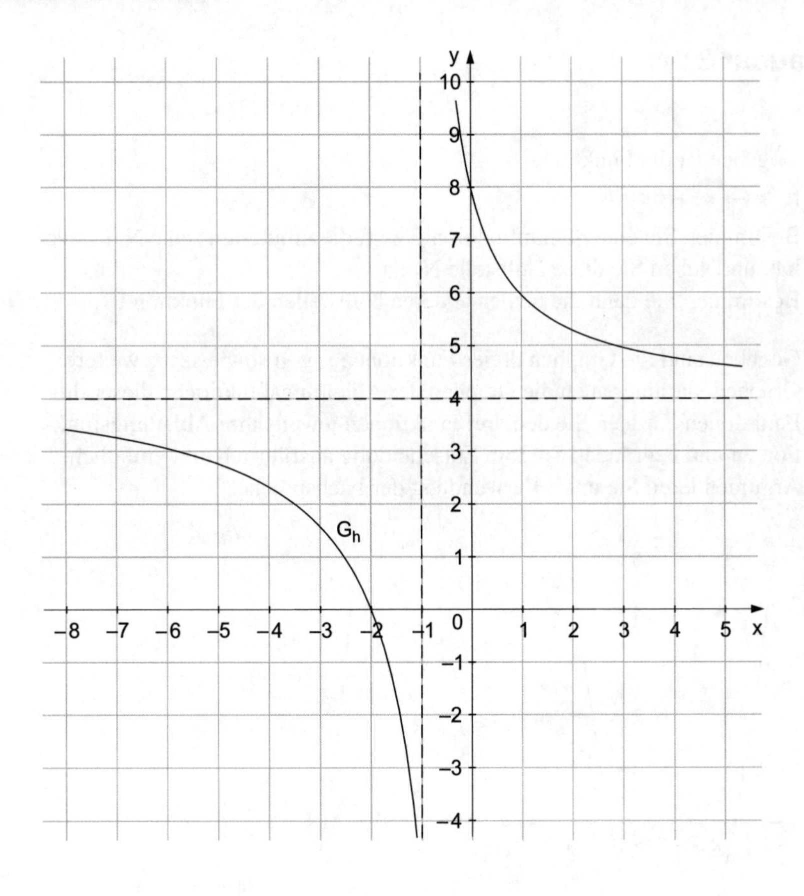

y
x
0
G_h

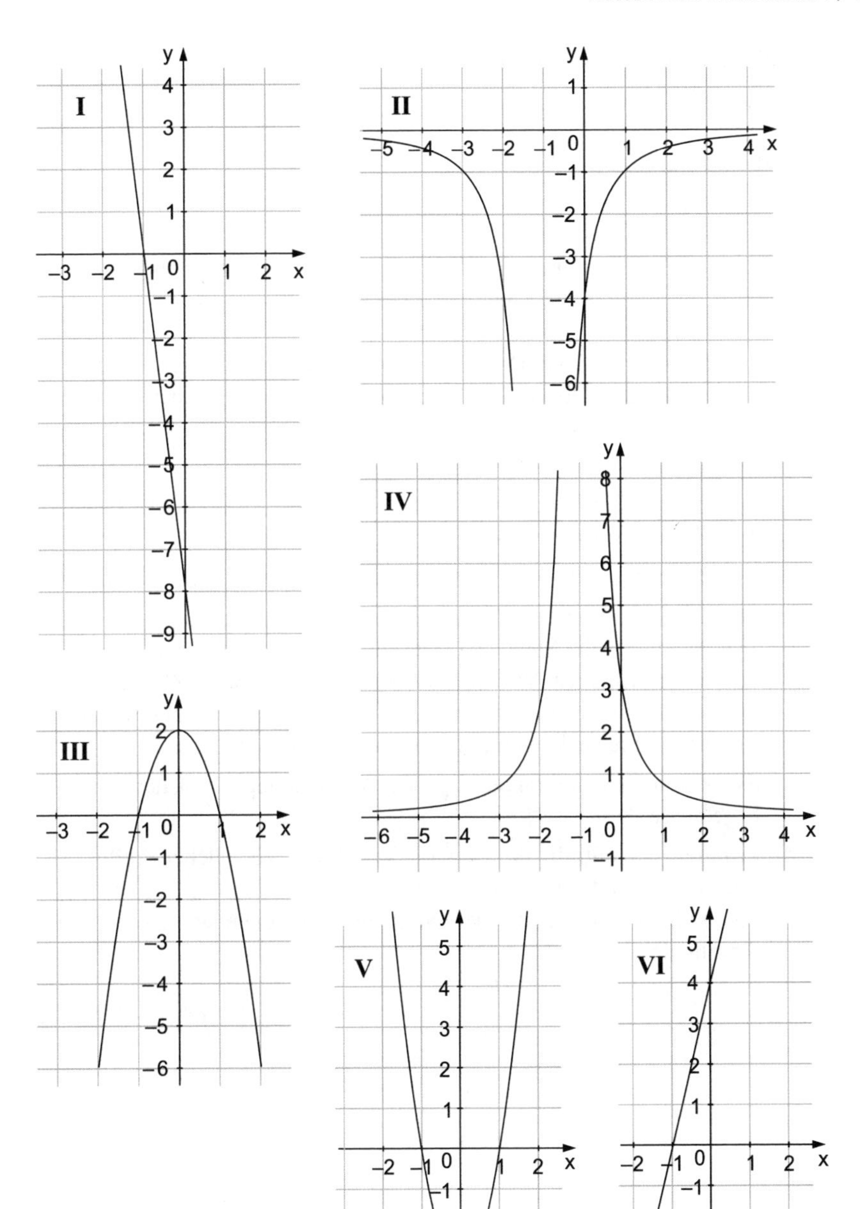
I
II
III
IV
V
VI
x
y

3 Gegeben sind die Funktionenschar

$f_c\colon\ x \mapsto \frac{1}{3}x^2 + c$

und die Funktion

$g\colon\ x \mapsto \frac{1}{6}x.$

Die beiden Funktionsgraphen berühren sich für geeignetes c in einem Punkt B. Bestimmen Sie c und den Berührpunkt B. 6

4 Eine Firma macht mit der Produktion eines Heuschnupfensprays jedes Jahr einen Gewinn. Die Gewinnfunktion wird durch folgenden Term näherungsweise beschrieben:

$g(x) = -0{,}5x^3 + 2x^2 + 2{,}5x - 5 \qquad 0 \le x \le 4{,}5$

Dabei gibt x die Produktionsmenge des Sprays in Tonnen an; der Gewinn wird in Millionen € angegeben.

a) Berechnen Sie g(0), g(1) und g(4,5) und interpretieren Sie die Ergebnisse im Sachzusammenhang. 3

b) Bestimmen Sie die Menge an Heuschnupfensprays, bei der der Gewinn maximal ist. Wie hoch ist der maximale Gewinn? Die Ergebnisse sind jeweils auf zwei Dezimalen gerundet anzugeben. Begründen Sie auch, warum es sich um ein Maximum handelt. 7

c) Skizzieren Sie den Graphen G_g unter Verwendung der bisherigen Ergebnisse. 2

d) Ermitteln Sie mithilfe des Newton-Verfahrens, ab welcher Produktionsmenge ein Gewinn erzielt wird.
Führen Sie beginnend mit dem Startwert $x_0 = 1$ die ersten zwei Schritte durch. 7

Hinweise und Tipps

1
- Stammfunktion bedeutet „Umkehrung von Ableiten“.
- Additive Konstante C so wählen, dass man sofort eine Nullstelle sehen kann.
- Ausklammern oder Polynomdivision führt zu den anderen beiden Nullstellen.

2
- Überlegen Sie bei jedem Funktionsgraphen, zu welchem Funktionstyp er gehört.
- Fassen Sie aufgrund von Stellen mit waagrechter Tangente bzw. aufgrund von Asymptoten entsprechende Graphen in die nähere Auswahl.
- Nutzen Sie für die endgültige Entscheidung Monotonieüberlegungen.

3
- Stellen Sie zwei Gleichungen auf.
- Überlegen Sie hierzu, was im Berührpunkt zweier Funktionen übereinstimmt.

4
- Nutzen Sie bei Aufgabe b das Standardverfahren zur Bestimmung lokaler Extremwerte.
- Die Formel für das Newton-Verfahren finden Sie in der Merkhilfe.

Vertiefende Hinweise zum Lösen der Aufgaben finden Sie in
Abitur-Training Analysis (Buch-Nr.: 9400218)
1.3 Ganzrationale Funktionen
1.4 Gebrochenrationale Funktionen
2.2 Schnittpunkte des Funktionsgraphen mit den Koordinatenachsen
4.2 Ableitungsregeln
4.4 Tangenten und Normalen
4.5 Newton-Verfahren
5.1 Steigungsverhalten
5.2 Relative Extrema
7.1 Stammfunktionen

Lösung

BE

1 6 Minuten,

$f(x) = x^2 - 6x + 4$

Stammfunktion (Umkehrung von Ableiten):

$F(x) = \frac{1}{3}x^3 - 3x^2 + 4x + C$ — 1,5

$C = 0 \Rightarrow G_F$ hat die Nullstelle $N_1(0|0)$. — 1

$F(x) = \frac{1}{3}x^3 - 3x^2 + 4x = \frac{1}{3}x(x^2 - 9x + 12)$ Ausklammern — 0,5

$x^2 - 9x + 12 = 0$

$$x_{2/3} = \frac{9 \pm \sqrt{81 - 4 \cdot 12}}{2}$$ Lösungsformel für quadratische Gleichungen

$$= \frac{9 \pm \sqrt{33}}{2}$$ — 2

$N_2\left(\frac{9-\sqrt{33}}{2}\,\Big|\,0\right)$, $N_3\left(\frac{9+\sqrt{33}}{2}\,\Big|\,0\right)$ — 1

2 12 Minuten,

Graph von f:

G_f hat in $x_0 = -1$ ein Minimum $\Rightarrow$ $f'(-1) = 0$

Dies ist die *einzige* Stelle von G_f mit waagrechter Tangente im gezeichneten Bereich (G_f ist der Graph einer quadratischen Funktion).

Als Graph der Ableitung von f kommen nur die Graphen I und VI infrage. — 1

$\left.\begin{array}{ll} x < -1 & G_f \text{ fällt} \\ x > -1 & G_f \text{ steigt} \end{array}\right\} \Rightarrow \begin{array}{l} f'(x) < 0 \\ f'(x) > 0 \end{array}$ — 1

Nur bei Graph VI stimmt das Vorzeichen.

$\Rightarrow$ Graph VI stellt die Ableitungsfunktion von f dar. — 1

Graph von g:

G_g gehört zu einer ganzrationalen Funktion und hat im gezeichneten Bereich keine Definitionslücken. Dasselbe gilt damit für die Ableitungsfunktion von g.

$\Rightarrow$ Graph II kann es nicht sein.

Graph IV kann es ebenfalls nicht sein. — 1

G_g hat bei $x=-1$ ein lokales Minimum und bei $x=1$ ein lokales Maximum.
$\Rightarrow\ g'(-1)=0$ und $g'(1)=0$
Dies erfüllen sowohl Graph III als auch Graph V. 1

$$\left.\begin{array}{ll} x=-1 & \text{Min} \\ & \\ x=1 & \text{Max} \end{array}\right\} \Rightarrow \begin{cases} x<-1 & G_g \text{ fällt} \Rightarrow g'(x)<0 \\ -1<x<1 & G_g \text{ steigt} \Rightarrow g'(x)>0 \\ x>1 & G_g \text{ fällt} \Rightarrow g'(x)<0 \end{cases}$$

Dies erfüllt nur Graph III.
$\Rightarrow$ Graph III stellt die Ableitungsfunktion von g dar. 1

Graph von h:
G_h gehört zu einer gebrochenrationalen Funktion. Es kommen für die Ableitungsfunktion somit nur die Graphen II und IV infrage.
G_h: $x=-1$ senkrechte Asymptote
$y=4$ waagrechte Asymptote 1

In beiden Teilbereichen $x \in\ ]-\infty; -1[$ bzw. $x \in\ ]-1; \infty[$ ist G_h streng monoton fallend, also jeweils $h'(x)<0$. 1
Dies erfüllt nur Graph II.
$\Rightarrow$ Graph II stellt die Ableitungsfunktion von h dar. 1

3 10 Minuten,

$$f_c(x)=\frac{1}{3}x^2+c$$

$$g(x)=\frac{1}{6}x$$

Im Berührpunkt B gilt:
(1) $f_c'(x)=g'(x)$ 1
(2) $f_c(x)=g(x)$ 1

$$f_c'(x)=\frac{2}{3}x \qquad 0{,}5$$

$$g'(x)=\frac{1}{6} \qquad 0{,}5$$

in (1): $\frac{2}{3}x=\frac{1}{6} \Rightarrow x=\frac{1}{6}\cdot\frac{3}{2}$

$$x=\frac{1}{4} \qquad 1$$

in (2): $\frac{1}{3}\cdot\left(\frac{1}{4}\right)^2+c=\frac{1}{6}\cdot\frac{1}{4}$

$$\frac{1}{48}+c=\frac{1}{24}$$

$$c=\frac{1}{48} \quad\Rightarrow\quad f(x)=\frac{1}{3}x^2+\frac{1}{48}$$ 1

Um den y-Wert von B zu erhalten, setzt man $x=\frac{1}{4}$ in f oder g ein:

$g\left(\frac{1}{4}\right)=\frac{1}{24} \quad\Rightarrow\quad B\left(\frac{1}{4}\,\middle|\,\frac{1}{24}\right)$ 1

4 a) 4 Minuten,

$g(0)=-5$	Verlust von 5 Millionen Euro	1
$g(1)=-1$	Verlust von 1 Million Euro	1
$g(4{,}5)\approx 1{,}19$	Gewinn von 1,19 Millionen Euro	1

b) 12 Minuten, /

$g(x)=-0{,}5x^3+2x^2+2{,}5x-5$

$g'(x)=-1{,}5x^2+4x+2{,}5$ — Ableitung bestimmen 1

$g'(x)=0$

$$x_{1/2}=\frac{-4\pm\sqrt{4^2-4\cdot(-1{,}5)\cdot(2{,}5)}}{2\cdot(-1{,}5)}$$ Einsetzen in Lösungsformel für quadratische Gleichungen

$$=\frac{-4\pm\sqrt{31}}{-3}$$

$\Rightarrow\quad x_1\approx -0{,}52;\ x_2\approx 3{,}19$ 1

$x_1=-0{,}52$ scheidet aus, da $0\le x\le 4{,}5$ gelten muss. 1

$g(3{,}19)\approx 7{,}1$ 1

Warum Maximum?

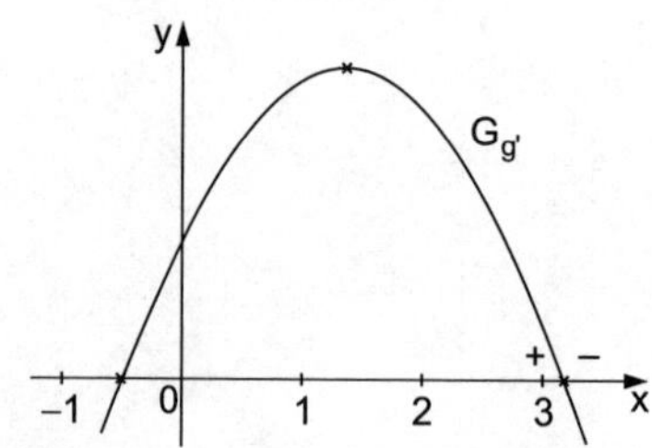

Für $x \geq 0$: $x < 3{,}19$: $g'(x) > 0 \Rightarrow G_g$ steigt
$x > 3{,}19$: $g'(x) < 0 \Rightarrow G_g$ fällt
} Max bei $x = 3{,}19$ 2

Bei einer Produktionsmenge von 3,19 Tonnen wird ein Gewinn von 7,1 Millionen Euro erzielt. 1

c) 🕓 4 Minuten,

Zeichnung für $0 \leq x \leq 4{,}5$:

- Maximum einzeichnen 0,5
- Randwerte einzeichnen 0,5
- P(1 | −1) einzeichnen 0,5
- Nullstelle liegt rechts von P. 0,5

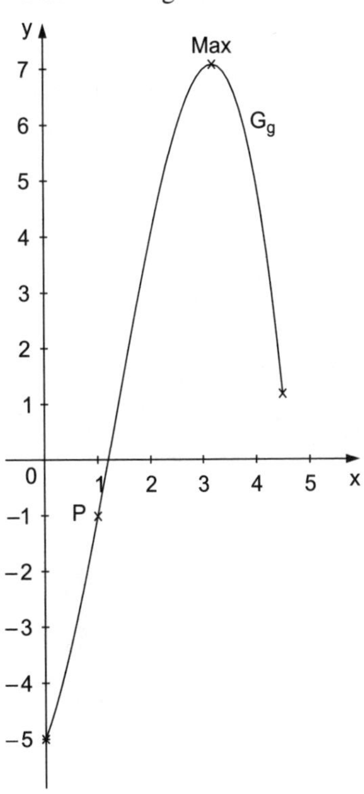

d) 12 Minuten,
Newton-Verfahren:
1. Schritt:

$x_1 = x_0 - \frac{g(x_0)}{g'(x_0)}$ Newton-Formel 0,5

$x_0 = 1$
$g'(1) = -1{,}5 + 4 + 2{,}5 = 5$ 1,5
$g(1) = -1$

$x_1 = 1 - \frac{-1}{5} = 1{,}2$ Einsetzen 1

2. Schritt:

$x_2 = x_1 - \frac{g(x_1)}{g'(x_1)}$ Newton-Formel 0,5

$x_1 = 1{,}2$
$g'(1{,}2) = 5{,}14$ 1,5
$g(1{,}2) = 0{,}016$

$x_2 = 1{,}2 - \frac{0{,}016}{5{,}14} \approx 1{,}19688$ Einsetzen 1

Ab etwa 1,197 Tonnen wird ein Gewinn erzielt. 1

Klausur 4

BE

1 a) Zeichnen Sie folgende Punkte in ein dreidimensionales Koordinatensystem: $A(2|5|1)$, $B(-3|0|4)$, $C(-4|2|0)$ und $D(0|0|-1)$ — 4

b) Welche der Punkte aus a liegen auf einer Koordinatenachse? Auf welcher? Begründen Sie.
Welche der Punkte liegen in einer Koordinatenebene? In welcher? Begründen Sie. — 3

c) Nennen Sie die Punkte A', A'', A''', die beim Spiegeln des Punktes A an den Koordinatenebenen jeweils entstehen.
Geben Sie jeweils die Ebene an, an der Sie spiegeln. — 2

2 Berechnen Sie:

$$-5\left[\begin{pmatrix}-3\\1\\2\end{pmatrix}+3\cdot\begin{pmatrix}1\\5\\7\end{pmatrix}\right]-\begin{pmatrix}17\\5\\-7\end{pmatrix}$$ — 2

3 Gegeben sind die Punkte $A(5|-3|-1)$, $B(4|0|1)$, $C(7|0|-1)$.
Berechnen Sie die Seitenlängen des Dreiecks ABC.
Ist das Dreieck gleichschenklig? — 7

4 Gegeben ist die Funktion

$$k\colon\ t \mapsto \frac{at}{t^3+b} \quad a>0, b>0 \quad t\in[0;24]$$

Die Funktion beschreibt die Konzentration eines Schlafmittels (in der Einheit $\frac{mg}{\ell}$) im Blut eines Menschen. Die Zeit t wird in Stunden ab dem Einnahmezeitpunkt gerechnet.

a) Berechnen Sie den Term für die momentane Änderung der Konzentration in Abhängigkeit von den Parametern a und b. Erklären Sie Ihr Vorgehen und geben Sie auch an, welche Regeln Sie benutzen. — 4

[Zwischenergebnis zum Weiterrechnen: $\dot{k}(t) = a\frac{b-2t^3}{(t^3+b)^2}$]

b) Bestimmen Sie rechnerisch a und b so, dass die maximale Konzentration nach 3 Stunden erreicht wird und $12\frac{mg}{\ell}$ beträgt. — 5

Für die folgenden Teilaufgaben sollen die folgende Funktionsvorschrift und der angegebene Graph verwendet werden:

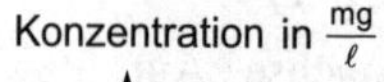

$k\colon\ t \mapsto \dfrac{324t}{t^3+54} \quad t \in [0;\,24]$

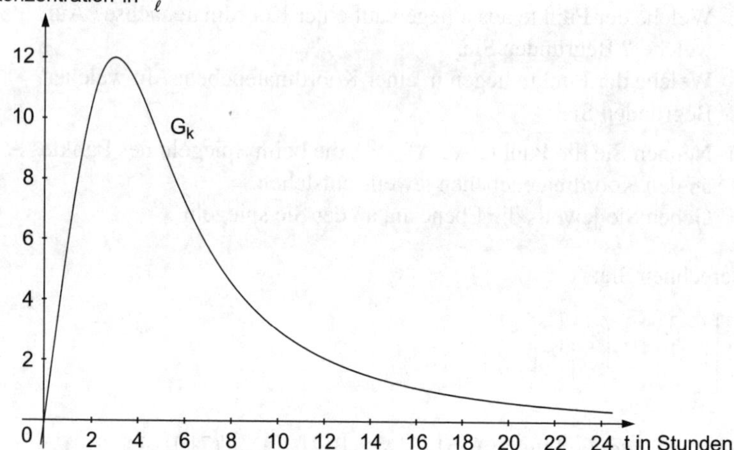

c) Berechnen Sie die mittlere Änderungsrate für die ersten drei Stunden. Erklären Sie Ihr Vorgehen unter Verwendung der Fachsprache aus der Differenzialrechnung.
Zeichnen Sie die geometrische Bedeutung des Ergebnisses gestrichelt in die Abbildung ein. — 3

d) Geben Sie die momentane Änderungsrate nach einer und nach zwei Stunden jeweils an. Erklären Sie Ihr Vorgehen unter Verwendung der Fachsprache.
Zeichnen Sie die geometrische Bedeutung des Ergebnisses in die Abbildung ein. — 6

e) Das Medikament zeigt Wirkung ab einer Konzentration von $3{,}5\,\frac{\text{mg}}{\ell}$, ansonsten ist es nahezu wirkungslos. Nehmen Sie begründet – unter Bezug auf die Anwendungssituation – zu folgender Aussage Stellung:
Wichtig ist es, das Medikament eine halbe Stunde vor dem Schlafengehen einzunehmen und ab diesem Zeitpunkt mindestens 9 Stunden Nachtruhe einzuplanen. — 4

Hinweise und Tipps

1
- Erstellen Sie ein Schrägbild.
- Zeichnen Sie ggf. Hilfslinien ein.
- Überlegen Sie, welche Eigenschaften Punkte haben, die auf den Koordinatenachsen bzw. in den Koordinatenebenen liegen.
- Welche Koordinate(n) ändert/ändern sich beim Spiegeln?

2 Regeln für Vektoraddition und Skalarmultiplikation beachten.

3
- Berechnen Sie die Vektoren $\overrightarrow{AB}$, $\overrightarrow{AC}$, $\overrightarrow{BC}$.
- Bilden Sie jeweils den Betrag und vergleichen Sie.

4
- Bilden Sie für Teil a die Ableitung nach der Zeit ($\dot{k}(t)$).
- Verwenden Sie die Quotientenregel.
- Stellen Sie für Teil b ein Gleichungssystem auf, um a und b zu erhalten.
- Finden Sie für Teil c bzw. d zwei gleichwertige Begriffe (mathematisch und bildlich) zur mittleren bzw. momentanen Änderungsrate.
- Berechnen Sie für Teil e geeignete Funktionswerte und bewerten Sie die Ergebnisse und die Aussage entsprechend.

Vertiefende Hinweise zum Lösen der Aufgaben finden Sie in

Abitur-Training Analysis (Buch-Nr.: 9400218)
1.4 Gebrochenrationale Funktionen
4.1 Differenzierbarkeit
4.2 Ableitungsregeln
5.2 Relative Extrema

Abitur-Training Analytische Geometrie (Buch-Nr.: 940051)
2.1 Koordinatensystem
3.2 Punkte und Vektoren
3.3 Addition und skalare Multiplikation von Vektoren
4.2 Länge eines Vektors

Lösung

BE

1 a) 3 Minuten,

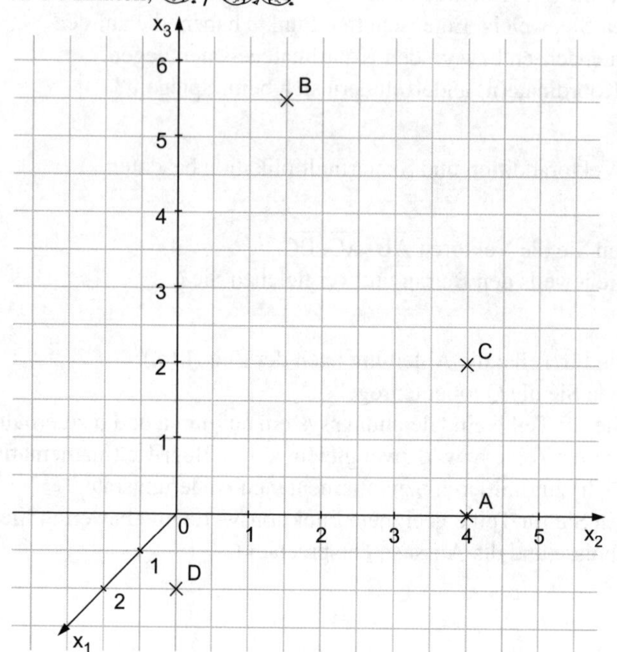

b) 5 Minuten,

D(0 | 0 | –1)	⇒	liegt auf x_3-Achse,	0,5
		weil $x_1 = x_2 = 0$.	0,5
B(–3 | 0 | 4)	⇒	liegt in x_1x_3-Ebene,	0,5
		weil $x_2 = 0$.	0,5
C(–4 | 2 | 0)	⇒	liegt in x_1x_2-Ebene,	0,5
		weil $x_3 = 0$.	0,5

c) 3 Minuten,

A(2 | 5 | 1) ⇒ $\xrightarrow[x_1x_2\text{-Ebene } (x_3 = 0)]{\text{Spiegeln an}}$ A'(2 | 5 | –1) 1

A(2 | 5 | 1) ⇒ $\xrightarrow[x_2 = 0]{x_1x_3\text{-Ebene}}$ A''(2 | –5 | 1) 0,5

A(2 | 5 | 1) ⇒ $\xrightarrow[x_1 = 0]{x_2x_3\text{-Ebene}}$ A'''(–2 | 5 | 1) 0,5

4

2 4 Minuten,

$$-5\left[\begin{pmatrix}-3\\1\\2\end{pmatrix}+3\cdot\begin{pmatrix}1\\5\\7\end{pmatrix}\right]-\begin{pmatrix}17\\5\\-7\end{pmatrix}$$

$=-5\left[\begin{pmatrix}-3\\1\\2\end{pmatrix}+\begin{pmatrix}3\\15\\21\end{pmatrix}\right]-\begin{pmatrix}17\\5\\-7\end{pmatrix}$	Skalarmultiplikation	0,5
$=-5\begin{pmatrix}0\\16\\23\end{pmatrix}-\begin{pmatrix}17\\5\\-7\end{pmatrix}$	Vektoraddition	0,5
$=\begin{pmatrix}0\\-80\\-115\end{pmatrix}-\begin{pmatrix}17\\5\\-7\end{pmatrix}$	Skalarmultiplikation	0,5
$=\begin{pmatrix}-17\\-85\\-108\end{pmatrix}$	Vektorsubtraktion	0,5

3 8 Minuten, /

$\overrightarrow{AB}=\begin{pmatrix}4\\0\\1\end{pmatrix}-\begin{pmatrix}5\\-3\\-1\end{pmatrix}=\begin{pmatrix}-1\\3\\2\end{pmatrix}$	1
$\overline{AB}=\sqrt{(-1)^2+3^2+2^2}=\sqrt{14}$	1
$\overrightarrow{AC}=\begin{pmatrix}7\\0\\-1\end{pmatrix}-\begin{pmatrix}5\\-3\\-1\end{pmatrix}=\begin{pmatrix}2\\3\\0\end{pmatrix}$	1
$\overline{AC}=\sqrt{2^2+3^2+0^2}=\sqrt{13}$	1
$\overrightarrow{BC}=\begin{pmatrix}7\\0\\-1\end{pmatrix}-\begin{pmatrix}4\\0\\1\end{pmatrix}=\begin{pmatrix}3\\0\\-2\end{pmatrix}$	1
$\overline{BC}=\sqrt{3^2+0^2+(-2)^2}=\sqrt{13}$	1
$\overline{AC}=\overline{BC}\;\Rightarrow$ Das Dreieck ist gleichschenklig.	1

Hinweis:
Wenn $\overline{AC}=\overline{BC}$ gilt, dann ist das Dreieck gleichschenklig. Die Frage ist daher auch ohne Berechnung von $\overline{AB}$ vollständig beantwortet.

4 a) 8 Minuten, /

$$k(t) = \frac{at}{t^3 + b}$$

Die momentane Änderungsrate wird gegeben durch die Ableitung der Funktion. 1

$$\dot{k}(t) = \frac{(t^3 + b) \cdot a - at \cdot 3t^2}{(t^3 + b)^2}$$ Quotientenregel 1

$$= \frac{at^3 + ab - 3at^3}{(t^3 + b)^2}$$ Ausmultiplizieren 1

$$= \frac{ab - 2at^3}{(t^3 + b)^2}$$ Zusammenfassen 1

$$= \frac{a(b - 2t^3)}{(t^3 + b)^2}$$ Ausklammern

b) 8 Minuten, /

Es muss gelten:

(1) $k(3) = 12$ 1

(2) $\dot{k}(3) = 0$ 1

(1) $\frac{3a}{27 + b} = 12$ 1

(2) $\frac{a \cdot (b - 2 \cdot 27)}{(27 + b)^2} = 0$ 1

aus (2): $b = 54$

in (1): $\frac{3a}{27 + 54} = 12$

$3a = 12 \cdot 81$

$a = 324$ 1

$$k(t) = \frac{324 \cdot t}{t^3 + 54}$$

c) 5 Minuten,

Die mittlere Änderungsrate für die ersten 3 Stunden ergibt sich als Differenzenquotient.

$$\frac{k(3)-k(0)}{3-0}=\frac{12-0}{3}=4$$ 1

Die mittlere Änderungsrate beträgt $4\,\frac{mg}{\ell}$ pro Stunde. 1

Sie entspricht der Steigung der Sekante zwischen den beiden Punkten (im Bild gestrichelt eingezeichnet):

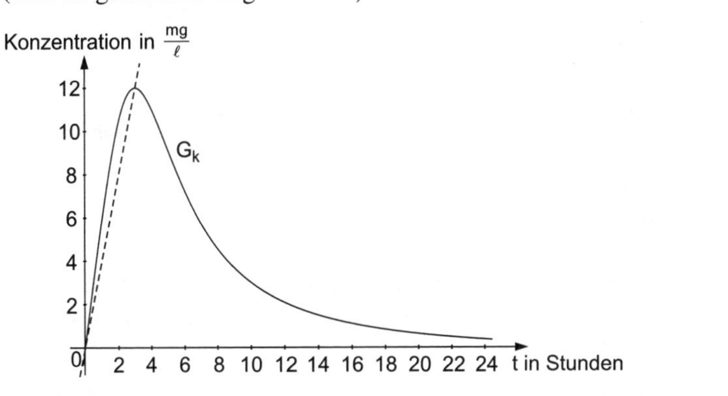

1

d) 10 Minuten,

Die momentane Änderungsrate ergibt sich als Differenzialquotient, d. h. als Ableitung zum Zeitpunkt t = 1 bzw. t = 2. 1

$$\dot{k}(t)=a\cdot\frac{b-2t^3}{(t^3+b)^2}$$ Zwischenergebnis aus Teil a 0,5

$$\dot{k}(t)=324\cdot\frac{54-2t^3}{(t^3+54)^2}$$ a = 324 und b = 54 einsetzen 0,5

$$=648\cdot\frac{27-t^3}{(t^3+54)^2}$$ 1

$$\dot{k}(1)=648\cdot\frac{26}{55^2}\approx 5,6$$ 0,5

$$\dot{k}(2)=648\cdot\frac{19}{62^2}\approx 3,2$$ 0,5

Die momentane Änderungsrate entspricht der Steigung der Tangente im jeweiligen Punkt (im Bild gestrichelt bzw. gepunktet eingezeichnet):

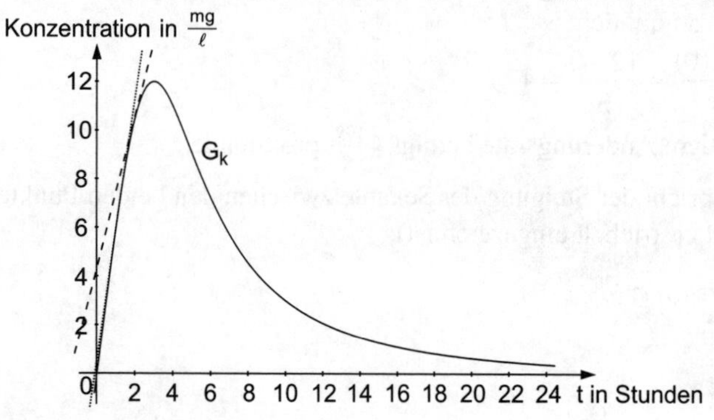

2

e) 6 Minuten,

$k(0,5) = 2,99 < 3,5$ 0,5

$k(0,75) = 4,47 > 3,5$ 0,5

$\Rightarrow$ Das Medikament sollte eine halbe Stunde vor dem Schlafengehen eingenommen werden, denn nach 45 Minuten zeigt es bereits merkliche Wirkung. 1

$k(9) = 3,72 > 3,5$ 0,5

$k(9,75) = 3,22 < 3,5$ 0,5

$\Rightarrow$ Das Medikament wirkt mindestens 9 Stunden lang.

Die Aussage ist also sinnvoll. 1

Klausur 5

BE

1 a) Bestimmen Sie die Koordinaten des Vektors $\vec{x}$.

$$-4\begin{pmatrix}0,25\\0,5\\0,75\end{pmatrix}-\vec{x}=\frac{1}{3}\cdot\begin{pmatrix}3\\-9\\12\end{pmatrix}$$ 4

b) Berechnen Sie das Skalarprodukt von $\vec{a}=\begin{pmatrix}1\\2\\3\end{pmatrix}$ und $\vec{b}=\begin{pmatrix}3\\-2\\\frac{1}{3}\end{pmatrix}$.
Interpretieren Sie das Ergebnis. 2

c) Berechnen Sie das Vektorprodukt aus $\vec{a}=\begin{pmatrix}0\\1\\5\end{pmatrix}$ und $\vec{b}=\begin{pmatrix}2\\7\\0\end{pmatrix}$. 2

d) Berechnen Sie den Flächeninhalt des von $\vec{a}=\begin{pmatrix}0\\2\\7\end{pmatrix}$ und $\vec{b}=\begin{pmatrix}5\\1\\3\end{pmatrix}$
aufgespannten Parallelogramms auf eine Dezimale genau. 3

e) Welche Punktmenge wird im Raum durch folgende Gleichung beschrieben? Begründen Sie.
$x_2^2+x_3^2=64$ 3

2 Gegeben sind die Punkte
$A(1|0|0)$, $B(9|0|0)$, $C(c_1|c_2|0)$; $c_1\in\mathbb{R}$, $c_2<0$.
Bestimmen Sie die Koordinaten des Punktes C so, dass das Dreieck ABC gleichseitig ist. 8

3 Bestimmen Sie für die Funktion $f\colon\ x\to x^6$ die Gleichung der Tangente mit der Steigung $m=-6$. 6

4 Der Term der Ableitungsfunktion einer Funktion g lautet:

$$g'(x)=\frac{4}{(x-3)^2}$$

Es wird die maximal mögliche Definitionsmenge vorausgesetzt. Im Folgenden sind die Graphen einiger Funktionen abgebildet.

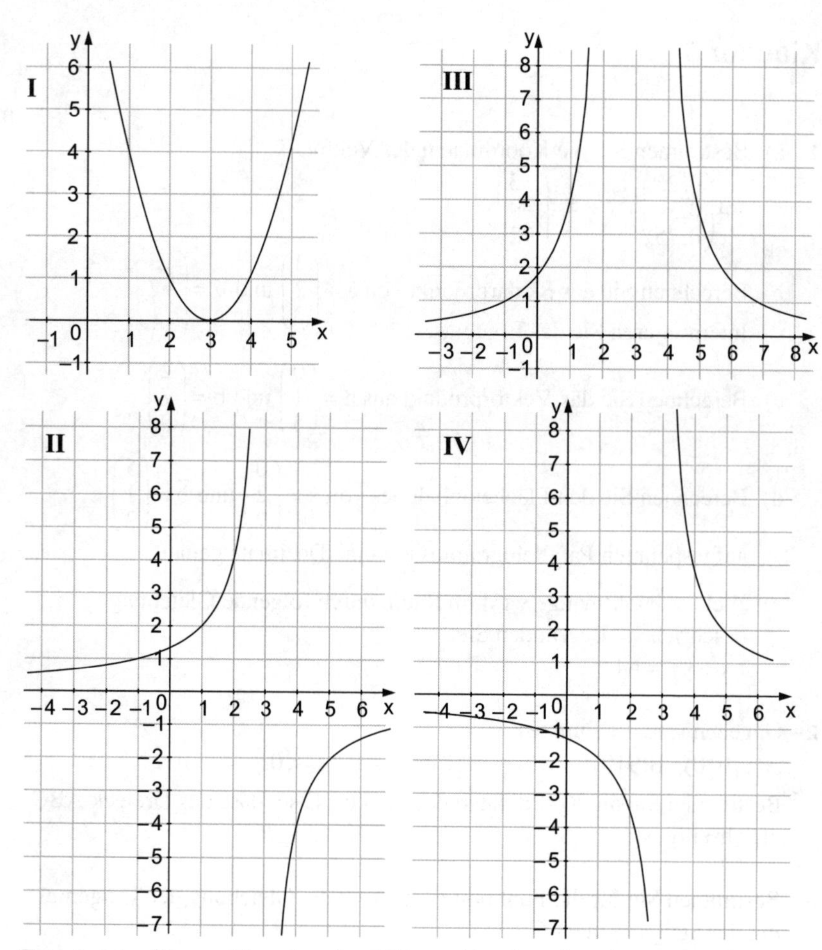

Entscheiden Sie, welcher der abgebildeten Graphen den oben angegebenen Term g'(x) als Ableitungsfunktion haben kann.
Begründen Sie Ihre Entscheidung gründlich. 6

5 Grenzen Sie die Begriffe
- absolute Änderung
- mittlere Änderungsrate
- momentane Änderungsrate

an einem selbst gewählten Beispiel (anwendungsorientiert oder innermathematisch) voneinander ab.
Verdeutlichen Sie Ihre Darstellung an einer Skizze. 6

Hinweise und Tipps

1
- Beachten Sie bei a die Regeln für die Skalarmultiplikation und die Vektoraddition; lösen Sie nach $\vec{x}$ auf.
- Formel für das Skalarprodukt aus Merkhilfe
- Formel für das Vektorprodukt aus Merkhilfe
- Formel für den Flächeninhalt eines Parallelogramms aus Merkhilfe
- Überlegen Sie bei e zunächst, welche Punktmenge die Gleichung in der Ebene darstellen würde.

2
- Bestimmen Sie aus den Koordinaten von A und B die Seitenlänge des Dreiecks.
- Setzen Sie $\overline{AC} = \overline{BC}$ und bestimmen Sie hieraus c_1.

3
- Bestimmen Sie die Ableitung von f.
- Berechnen Sie den zugehörigen Berührpunkt.
- Geben Sie die Tangentengleichung an.

4 Schließen Sie Graphen aus anhand der
- Definitionsmenge und
- Monotonie.

5 Skizzieren Sie den Graphen einer Funktion (keine Gerade) und erläutern Sie die angegebenen Begriffe anhand dieses Graphen.

Vertiefende Hinweise zum Lösen der Aufgaben finden Sie in

Abitur-Training Analysis (Buch-Nr.: 9400218)
1.4 Gebrochenrationale Funktionen
4.1 Differenzierbarkeit
4.4 Tangenten und Normalen
5.1 Steigungsverhalten

Abitur-Training Analytische Geometrie (Buch-Nr.: 940051)
3.2 Punkte und Vektoren
3.3 Addition und skalare Multiplikation von Vektoren
4.1 Definition und Eigenschaften des Skalarprodukts
4.2 Länge eines Vektors
4.3 Winkel zwischen zwei Vektoren
6.2 Vektorprodukt
9.1 Fläche eines Parallelogramms

Lösung

BE

1 a) 5 Minuten,

$$-4\begin{pmatrix}0{,}25\\0{,}5\\0{,}75\end{pmatrix}-\vec{x}=\frac{1}{3}\begin{pmatrix}3\\-9\\12\end{pmatrix}$$

$$\begin{pmatrix}-1\\-2\\-3\end{pmatrix}-\vec{x}=\begin{pmatrix}1\\-3\\4\end{pmatrix}\quad\Bigg|-\begin{pmatrix}-1\\-2\\-3\end{pmatrix}$$

Skalarmultiplikation — 2

$$-\vec{x}=\begin{pmatrix}1\\-3\\4\end{pmatrix}-\begin{pmatrix}-1\\-2\\-3\end{pmatrix}$$

Äquivalenzumformung — 0,5

$$-\vec{x}=\begin{pmatrix}1\\-3\\4\end{pmatrix}+\begin{pmatrix}1\\2\\3\end{pmatrix}$$

0,5

$$-\vec{x}=\begin{pmatrix}2\\-1\\7\end{pmatrix}\quad\Big|\cdot(-1)$$

Vektoraddition — 0,5

$$\vec{x}=\begin{pmatrix}-2\\1\\-7\end{pmatrix}$$

0,5

b) 3 Minuten,

$$\begin{pmatrix}1\\2\\3\end{pmatrix}\circ\begin{pmatrix}3\\-2\\\frac{1}{3}\end{pmatrix}$$

$$=1\cdot3+2\cdot(-2)+3\cdot\frac{1}{3}$$

1

$$=3-4+1$$

$$=0$$

0,5

$\Rightarrow$ $\vec{a}$ und $\vec{b}$ schließen einen rechten Winkel ein.

$\Rightarrow$ $\vec{a}\perp\vec{b}$

0,5

c) 3 Minuten,

$$\vec{a}\times\vec{b}=\begin{pmatrix}0\\1\\5\end{pmatrix}\times\begin{pmatrix}2\\7\\0\end{pmatrix}$$
$$\begin{matrix}0 & 2\\1 & 7\end{matrix}$$

Rechenregel siehe Merkhilfe
Trick: 2 Zeilen dazuschreiben, Einstieg in der 2. Zeile 0,5

$$=\begin{pmatrix}1\cdot0 - 5\cdot7\\5\cdot2 - 0\cdot0\\0\cdot7 - 1\cdot2\end{pmatrix}$$ 1

$$=\begin{pmatrix}-35\\10\\-2\end{pmatrix}$$ 0,5

d) 4 Minuten,

Nach Merkhilfe gilt:

$A_{\square}=|\vec{a}\times\vec{b}|=|\vec{a}|\cdot|\vec{b}|\cdot\sin\varphi$

Flächeninhalt mithilfe des Vektorprodukts:

$$\vec{a}\times\vec{b}=\begin{pmatrix}0\\2\\7\end{pmatrix}\times\begin{pmatrix}5\\1\\3\end{pmatrix}$$
$$\begin{matrix}0 & 5\\2 & 1\end{matrix}$$

Rechenregel siehe Merkhilfe
Trick: 2 Zeilen dazuschreiben, Einstieg in der 2. Zeile 0,5

$$=\begin{pmatrix}6 - 7\\35 - 0\\0 - 10\end{pmatrix}$$ 1

$$=\begin{pmatrix}-1\\35\\-10\end{pmatrix}$$ 0,5

$$\left|\begin{pmatrix}-1\\35\\-10\end{pmatrix}\right|=\sqrt{(-1)^2+35^2+(-10)^2}$$ 0,5

$$=\sqrt{1\,326}\approx 36{,}4 \text{ FE}$$ 0,5

Alternativ:

Mit der Formel $A_{\square}=|\vec{a}|\cdot|\vec{b}|\cdot\sin\varphi$ arbeiten:

- $|\vec{a}|, |\vec{b}|$ ausrechnen.
- Über $\cos\varphi=\frac{\vec{a}\circ\vec{b}}{|\vec{a}|\cdot|\vec{b}|}$ den Winkel φ errechnen.
- Alles in $A_{\square}=|\vec{a}|\cdot|\vec{b}|\cdot\sin\varphi$ einsetzen.

e) 4 Minuten,

$x_2^2 + x_3^2 = 64$

$x_2^2 + x_3^2 = 8^2$

In der Ebene würde diese Gleichung einen Kreis mit Radius 8 beschreiben. Übertragen auf den Raum liegt dieser Kreis in der x_2x_3-Ebene. 1

Da x_1 nicht vorkommt, ist x_1 beliebig. 1

⇒ Die Gleichung beschreibt im Raum einen Kreiszylinder (unendlicher Höhe), dessen Projektion in die x_2x_3-Ebene ein Kreis ist. 1

2 12 Minuten,

Aus den Koordinaten von A und B erkennt man sofort, dass die Seitenlänge des Dreiecks 8 LE beträgt. 1

$$\overrightarrow{AC} = \begin{pmatrix} c_1 - 1 \\ c_2 \\ 0 \end{pmatrix}$$

$$\overline{AC} = \sqrt{(c_1 - 1)^2 + c_2^2 + 0^2}$$ 2

$$\overrightarrow{BC} = \begin{pmatrix} c_1 - 9 \\ c_2 \\ 0 \end{pmatrix}$$

$$\overline{BC} = \sqrt{(c_1 - 9)^2 + c_2^2 + 0^2}$$ 2

$$\overline{AC} = \overline{BC}$$ Ansatz für Gleichseitigkeit 0,5

$$(c_1 - 1)^2 + c_2^2 = (c_1 - 9)^2 + c_2^2 \quad \left| -c_2^2 \right.$$

$$c_1^2 - 2c_1 + 1 = c_1^2 - 18c_1 + 81 \quad \left| -c_1^2 \right.$$

$$-2c_1 + 1 = -18c_1 + 81 \quad \left| +18c_1 \right. \left| -1 \right.$$

$$16c_1 = 80$$

$$c_1 = 5$$ 1,5

In $\overline{AC}$ oder $\overline{BC}$ einsetzen:

$$\overline{AC} = \sqrt{4^2 + c_2^2} \overset{!}{=} 8$$ Seitenlänge 8 LE 0,5

$$16 + c_2^2 \overset{!}{=} 64$$

$$c_2^2 = 48$$

$$c_2 = (\pm) 4\sqrt{3}$$

$C(5 \mid -4\sqrt{3} \mid 0)$ $c_2 < 0$ 0,5

3 🕓 8 Minuten,

$f(x) = x^6 \qquad m = -6$

$f'(x) = 6x^5$ — 1

$f'(x) = m$ — Die Ableitungsfunktion gibt die Steigung der Tangente an.

$6x^5 = -6$ — Beides einsetzen — 1

$x^5 = -1$

$x = -1$ — 1

$f(-1) = 1$ — y-Wert — 1

$y = mx + t$ — Gleichung Tangente allgemein — 0,5

$y = -6x + t$ — m eingesetzt

$1 = -6 \cdot (-1) + t$ — P(−1 | 1) einsetzen, um t zu bestimmen — 0,5

$1 = 6 + t \qquad | -6$

$-5 = t$

Tangente: $y = -6x - 5$ — 1

4 🕓 9 Minuten,

$$g'(x) = \frac{4}{(x-3)^2}$$

Es gilt: $x = 3$ ist Definitionslücke, daher kann G_g bei $x = 3$ keine Nullstelle haben. — 1

$\Rightarrow$ Graph I scheidet aus. — 1

$g'(x) > 0$ (Zähler und Nenner sind positiv) $\Rightarrow$ G_g muss in jedem Teilbereich streng monoton steigen. — 1

$\Rightarrow$ Graph III fällt weg, da fallend für $x > 3$. — 1

$\Rightarrow$ Graph IV fällt weg, da fallend für $x > 3$. — 1

Es kommt nur Graph II infrage. Er steigt in beiden Teilintervallen und hat bei $x = 3$ eine Definitionslücke. — 1

5 12 Minuten, 

Skizze:

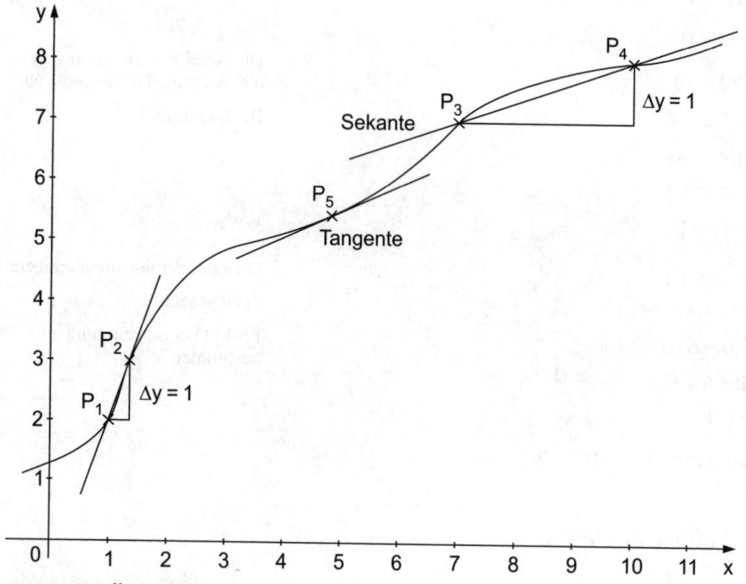

Absolute Änderung:

Zwischen P_1 und P_2 sowie zwischen P_3 und P_4 beträgt die absolute Änderung $\Delta y = 1$. 2

Mittlere Änderungsrate:

Diese ist in einem Intervall gegeben durch $\frac{\Delta y}{\Delta x}$.

Bei P_1, P_2: $\frac{\Delta y}{\Delta x} = \frac{1}{\frac{1}{3}} \approx 3$

P_3, P_4: $\frac{\Delta y}{\Delta x} \approx \frac{1}{3}$

Bei gleicher absoluter Änderung kann sich die mittlere Änderungsrate unterscheiden. Die Sekantensteigung gibt die mittlere Änderungsrate an, ebenso der Differenzenquotient. 2

Momentane Änderungsrate:

Änderungsrate in einem Punkt (P_5). Diese ist gegeben durch die Tangentensteigung, den Differenzialquotienten bzw. die Ableitung in diesem Punkt. 2

Hinweis: Die Aufgabenstellung ist offen, nicht alles muss erbracht werden.

Klausuren zum Themenbereich 2

- Weitere Ableitungsregeln
- Natürliche Exponential- und Logarithmusfunktion
- Koordinatengeometrie im Raum
- Wahrscheinlichkeitsbegriff
- Anwenden der Differenzialrechnung

Klausur 6

BE

1 a) Berechnen Sie das Skalarprodukt folgender Vektoren:

$$\vec{a} = \begin{pmatrix} 2 \\ 3 \\ 1 \end{pmatrix} \text{ und } \vec{b} = \begin{pmatrix} 5 \\ -2 \\ 1 \end{pmatrix}$$ 2

b) Berechnen Sie das Vektorprodukt folgender Vektoren:

$$\vec{a} = \begin{pmatrix} 1 \\ 5 \\ 0 \end{pmatrix} \text{ und } \vec{b} = \begin{pmatrix} 0 \\ 2 \\ 1 \end{pmatrix}$$ 2

2 Bestimmen Sie $x \in \mathbb{R}$ so, dass folgende Vektoren orthogonal zueinander sind:

$$\vec{a} = \begin{pmatrix} x \\ 3 \\ 2x \end{pmatrix} \text{ und } \vec{b} = \begin{pmatrix} 1 \\ -1 \\ 2 \end{pmatrix}$$ 3

3 Ein Team aus Biologen und Mathematikern versucht, den Fischbestand in einem See zu erfassen und durch ein mathematisches Modell zu beschreiben.

Zu Beginn der Untersuchung leben in dem See 8,5 Millionen Fische. Die Änderungsrate des Bestands wird durch folgende Funktion beschrieben:

$$g\colon t \mapsto \frac{2e^t}{(e^t+1)^2} \qquad t \geq 0$$

Der absolute Bestand der Fische wird durch folgende Funktion beschrieben:

$$f\colon t \mapsto 9{,}5 - \frac{2}{e^t+1} \qquad t \geq 0$$

Die Zeit t wird in der Einheit „Jahre" angegeben, g gibt die Änderungsrate der Fische in Millionen pro Jahr an und f gibt die Absolutzahl in Millionen an.

a) Begründen Sie rechnerisch, dass die Änderungsrate des Fischbestands auf lange Sicht gegen null geht. 3

b) Zeigen Sie, dass für den Term der Ableitungsfunktion $\dot{g}(t)$ gilt:

$$\dot{g}(t) = \frac{2e^t(1-e^t)}{(e^t+1)^3}$$ 5

c) Begründen Sie rechnerisch, dass g für $t>0$ streng monoton abnimmt. 3

d) Zeichnen Sie den Graphen der Funktion g im Bereich $t \in [0; 5]$ unter Berücksichtigung aller errechneten Werte. Dabei sind für t alle ganzzahligen Werte einzusetzen.
Wählen Sie als Maßstab
nach rechts: 1 cm entspricht 1 Jahr
nach oben: 1 cm entspricht $0{,}1 \frac{\text{Millionen}}{\text{Jahr}}$ 7

e) Zeigen Sie, dass der absolute Bestand an Fischen tatsächlich durch den obigen Term f(t) beschrieben wird. Dokumentieren Sie Ihren Gedankengang gründlich und verständlich. 7

f) Nehmen Sie ausführlich und begründet unter Verwendung der Fachsprache Stellung zu folgenden Fragen im Sachzusammenhang: 5
- Begründen Sie: Der Fischbestand nimmt zu.
- Wird das Wachstum mit zunehmender Zeit geringer?

g) Berechnen Sie – modellierend mit dem angegebenen Funktionsterm f(t) –, wie sich die Absolutzahl der Fische langfristig entwickelt. 3

Hinweise und Tipps

1 Die Formeln für das Skalar- bzw. Vektorprodukt zweier Vektoren finden Sie in der Merkhilfe.

2 Der Merkhilfe können Sie entnehmen, wann zwei Vektoren orthogonal zueinander sind.

3
- Lesen Sie genau und sorgfältig. Beachten Sie, wann es sich um Änderung (wovon?) und wann um absolute Werte handelt.
- Ausführliches Dokumentieren der Vorgehensweise ist notwendig, um selbst den Überblick zu behalten, aber auch für die Bewertung.
- Entscheiden Sie bei Aufgabe a, welche der Funktionen die richtige im Sachzusammenhang darstellt und bilden Sie den Grenzwert für $t \to \infty$.
- Wenden Sie bei Aufgabe b die Ableitungsregeln an und vereinfachen Sie den entstehenden Term.
- Erkennen Sie bei Aufgabe c, welche Funktion benötigt wird.
- Aufgabe d ist zeitintensiv, aber nicht sehr schwer. Verwenden Sie Ihren Taschenrechner.
- Bei Aufgabe e sind zwei wichtige Aspekte zu beachten: der Absolutwert zur Zeit $t = 0$ und die Änderungsrate.
- Stellen Sie dazu zwei Bedingungen auf und überprüfen Sie diese.
- Beziehen Sie für Aufgabe f die vorherigen Aufgaben mit ein.
- Bilden Sie bei Aufgabe g den Grenzwert für $t \to \infty$.

Vertiefende Hinweise zum Lösen der Aufgaben finden Sie in

Abitur-Training Analysis (Buch-Nr.: 9400218)

1.8 Exponentialfunktionen
3.1 Grenzwerte vom Typ $x \to \pm\infty$
4.1 Differenzierbarkeit
4.2 Ableitungsregeln
5.1 Steigungsverhalten
14 Wachstumsprozesse

Abitur-Training Analytische Geometrie (Buch-Nr.: 940051)

4.1 Definition und Eigenschaften des Skalarprodukts
4.3 Winkel zwischen zwei Vektoren
6.2 Vektorprodukt

Lösung

1 a) 2 Minuten,

$$\begin{pmatrix}2\\3\\1\end{pmatrix}\circ\begin{pmatrix}5\\-2\\1\end{pmatrix}=2\cdot5+3\cdot(-2)+1\cdot1$$

Einsetzen in die Formel aus der Merkhilfe — 1

$$=10-6+1=5$$

1

b) 2 Minuten,

$$\begin{pmatrix}1\\5\\0\end{pmatrix}\times\begin{pmatrix}0\\2\\1\end{pmatrix}=\begin{pmatrix}5\cdot1-0\cdot2\\0\cdot0-1\cdot1\\1\cdot2-5\cdot0\end{pmatrix}$$

(Schema: Zeilen 1, 5 und 0, 2 darunter geschrieben: $1\;0$, $5\;2$)

Rechenregel siehe Merkhilfe
Trick: 2 Zeilen dazuschreiben, Einstieg in der 2. Zeile — 1

$$=\begin{pmatrix}5\\-1\\2\end{pmatrix}$$

1

2 4 Minuten,

Es muss gelten: $\vec{a}\circ\vec{b}=0$ — 1

$$\begin{pmatrix}x\\3\\2x\end{pmatrix}\circ\begin{pmatrix}1\\-1\\2\end{pmatrix}=0$$

$$x-3+4x=0$$
$$5x-3=0$$

Einsetzen in die Formel aus der Merkhilfe — 1

$$5x=3$$
$$x=\frac{3}{5}$$

1

3 a) 7 Minuten,

Es wird eine Aussage über die Änderungsrate gemacht, d. h., es ist die Funktion g(t) zu betrachten. — 0,5

Zu zeigen: $\lim\limits_{t\to\infty} g(t)=0$ — 0,5

$$\lim_{t\to\infty}\frac{2e^t}{(e^t+1)^2}=\lim_{t\to\infty}\frac{2e^t}{(e^t)^2+2e^t+1}=0$$

0,5

Begründung: Für $t\to\infty$ geht $e^t\to\infty$. — 0,5

Ersetzt man $z=e^t$, ergibt sich $\lim\limits_{t\to\infty}\frac{2z}{z^2+2z+1}=0$, da der Grad des Zählers kleiner als der Grad des Nenners ist. — 1

Alternativ: Man dividiert Zähler und Nenner durch e^t und erhält:

$$\lim_{t\to\infty} g(t) = \lim_{t\to\infty} \frac{2}{\underbrace{e^t}_{\to\infty} + 2 + \underbrace{\frac{1}{e^t}}_{\to 0}} = 0$$

b) 🕓 7 Minuten,

$$g(t) = \frac{2e^t}{(e^t+1)^2}$$

Die Ableitung wird mittels der Quotientenregel nach der Merkhilfe ermittelt. Zusätzlich findet beim Ableiten des Nenners die Kettenregel Verwendung.

Zähler: $z(t) = 2e^t \quad \Rightarrow \quad \dot{z}(t) = 2e^t$ — 1

Nenner: $n(t) = (e^t+1)^2$

$\Rightarrow \quad \dot{n}(t) = 2\cdot(e^t+1)^1\cdot e^t$ — Kettenregel — 1

$$\Rightarrow \quad \dot{g}(t) = \frac{(e^t+1)^2\cdot 2e^t - 2e^t\cdot 2(e^t+1)\cdot e^t}{(e^t+1)^4}$$ Quotientenregel — 2

$$= \frac{(e^t+1)\cdot 2e^t[e^t+1-2e^t]}{(e^t+1)^4}$$ im Zähler $(e^t+1)\cdot 2e^t$ ausklammern — 1

$$= \frac{2e^t(1-e^t)}{(e^t+1)^3}$$ (e^t+1) kürzen

c) 🕓 5 Minuten,

g nimmt für $t>0$ streng monoton ab, wenn $\dot{g}(t)<0$ gilt.

$$\dot{g}(t) = \frac{2e^t(1-e^t)}{(e^t+1)^3}$$ aus Teil b

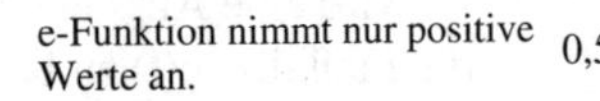

$2e^t > 0$ — e-Funktion nimmt nur positive Werte an. — 0,5

$(e^t+1)^3 > 0$ — 0,5

$1-e^t = 0 \quad \Leftrightarrow \quad t = 0$ — 0,5

Für $t>0$ gilt $e^t>1$ und somit $1-e^t<0$ (vgl. Skizze rechts). — 0,5

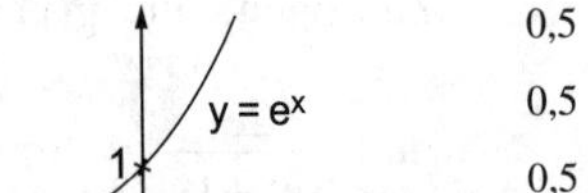

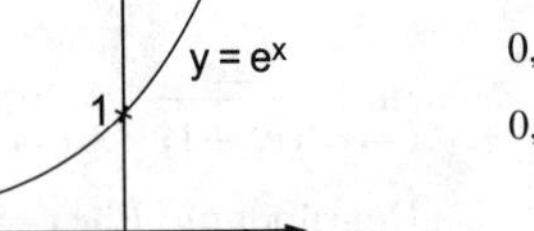

$\Rightarrow \quad \dot{g}(t)<0$, für $t>0$

$\Rightarrow \quad$ g streng monoton fallend für $t>0$. — 1

d) ◷ 10 Minuten,

$g(0) = \frac{2}{4} = 0,5$ 0,5

$g(1) = \frac{2e}{(e+1)^2} \approx 0,39$ 0,5

$g(2) = \frac{2e^2}{(e^2+1)^2} \approx 0,21$ 0,5

$g(3) = \frac{2e^3}{(e^3+1)^2} \approx 0,09$ 0,5

$g(4) = \frac{2e^4}{(e^4+1)^2} \approx 0,035$ 0,5

$g(5) = \frac{2e^5}{(e^5+1)^2} \approx 0,013$ 0,5

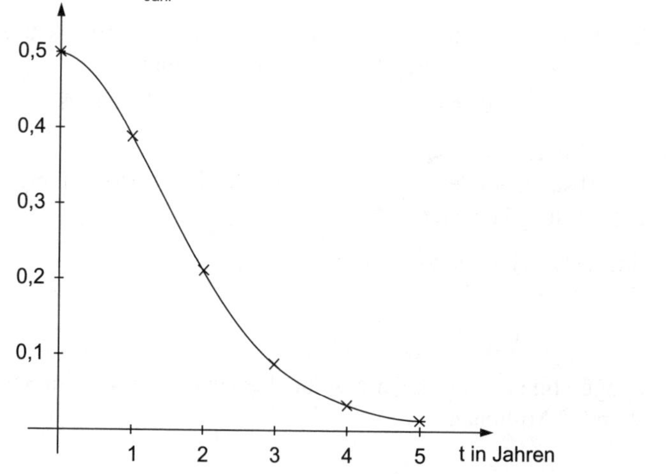

4

e) ◷ 10 Minuten, /

Es müssen zwei Bedingungen erfüllt sein, damit f(t) den absoluten Bestand angibt:

(1) Zur Zeit $t=0$ leben 8,5 Millionen Fische im See, d. h.: 1
$f(0)=8,5$ 1

(2) Die Änderung des Bestands wird durch g(t) beschrieben, d. h.:
$g(t)=\dot{f}(t)$ 2

Überprüfen der beiden Bedingungen:

(1) $f(0) = 9{,}5 - \frac{2}{e^0 + 1} = 9{,}5 - 1 = 8{,}5$ — 1

(2) Man leitet die Funktion f(t) ab. Dazu schreibt man den Term um:

$f(t) = 9{,}5 - 2(e^t + 1)^{-1}$ — 0,5

$\dot{f}(t) = 0 - 2 \cdot (-1) \cdot (e^t + 1)^{-2} \cdot e^t$ Kettenregel — 1

$= \frac{+2e^t}{(e^t + 1)^2} = g(t)$ — 0,5

$\Rightarrow$ Beide Bedingungen sind erfüllt, f(t) gibt den absoluten Bestand an Fischen im See an.

f) 8 Minuten, /

Der Fischbestand nimmt genau dann zu, wenn $\dot{f}(t) > 0$. — 1

Mit $\dot{f}(t) = g(t)$ (vgl. Aufgabe e) sieht man aus den Werten bzw. dem Graphen aus Aufgabe d, dass $g(t) > 0$. Das bedeutet, dass der Fischbestand zunimmt. — 2

Das Wachstum wird mit zunehmender Zeit geringer, da nach Aufgabe c die Änderungsrate g(t) des Bestandes abnimmt. — 2

Alternativ: …, da aus Aufgabe d folgt, dass g(t) fallend ist.

g) 5 Minuten,

Die Absolutzahl der Fische wird durch f(t) beschrieben. Langfristige Entwicklung bedeutet $t \to \infty$: — 1

$$\lim_{t \to \infty} f(t) = \lim_{t \to \infty} \left(9{,}5 - \underbrace{\frac{2}{e^t + 1}}_{\to 0}\right) \qquad 1$$

$$= 9{,}5 \qquad 1$$

Langfristig nähert sich der absolute Bestand an Fischen im See dem Wert 9,5 Millionen.

Klausur 7

BE

1 Gegeben sind die beiden Vektoren

$\vec{a} = \begin{pmatrix} 3 \\ 3 \\ 2 \end{pmatrix}$ und $\vec{b} = \begin{pmatrix} 4 \\ 1 \\ 2 \end{pmatrix}$

a) Berechnen Sie den Winkel zwischen den beiden Vektoren auf eine Dezimale genau. 3

b) Berechnen Sie ein Vektorprodukt der beiden Vektoren sowie dessen Betrag auf eine Dezimale genau. Deuten Sie jeweils geometrisch. 4

2 Eine Kugel K_1 hat den Mittelpunkt $M_1(9\,|\,5\,|\,5)$ und den Radius $r_1 = 5$ cm. Die Kugel K_2 hat den Mittelpunkt $M_2(3\,|\,-7\,|\,1)$ und den Radius $r_2 = 6$ cm. Bestimmen Sie den Abstand der beiden Kugeln. Dokumentieren Sie Ihren Lösungsweg ausführlich. Veranschaulichen Sie auch anhand einer Skizze. 6

3 Berechnen Sie zu folgenden Funktionen jeweils die Ableitungsfunktion. Eine Termvereinfachung ist nicht verlangt.

a) $f\colon\ x \mapsto e^{-4x} \cdot \sin(3x+5)$ 3

b) $g\colon\ x \mapsto \sqrt{\dfrac{x^2+1}{x^4+5}}$ 4

4 Bestimmen Sie jeweils die maximal mögliche Definitionsmenge.

$f\colon\ x \mapsto \ln\left(\dfrac{x}{4}\right) \qquad g\colon\ x \mapsto \ln\left(-\dfrac{2}{x}\right)$ 2

5 Eine übergewichtige Kundin holt bei der Ernährungsberatung „Optimal-Schnell" Informationen für eine Diät mit anschließender Ernährungsumstellung ein. Dazu werden ihr derzeitiges Gewicht und ihre Größe ermittelt.

Der Kundin wird mitgeteilt, dass ihre Gewichtskurve durch folgende Schar beschrieben wird:

$m_a\colon\ t \mapsto 40 \cdot e^{-a \cdot t} + 62 \qquad t \geq 0;\ a \in [0{,}01;\, 0{,}03]$

Dabei gibt m_a die Masse in kg an. t gibt die Zeit in Wochen seit Beginn des Diätprogramms an.

a) Bestimmen Sie das Ausgangsgewicht der Kundin.
   Die Kundin strebt nach sehr langer Befolgung der Gewichtskurve ihr „Normalgewicht“ an. Berechnen Sie dieses. 2

b) Das Ernährungsprogramm zeichnet sich damit aus, dass teilnehmende Frauen in den ersten 12 Wochen im Schnitt wöchentlich 1 kg verlieren. Bestimmen Sie unter dieser Voraussetzung für die oben angegebene Gewichtskurve den Wert des Parameters a auf vier Dezimalen genau. 7

Für die weiteren Teilaufgaben gilt: $a = 0{,}03$

c) Von Woche 13 bis Woche 27 wird die Nahrungsaufnahme etwas erhöht, dafür das Sportprogramm verstärkt. Dadurch soll erreicht werden, dass die Gewichtsabnahme im Schnitt weiter durch die obige Kurve angegeben wird.
   Berechnen Sie die Änderungsrate der Masse zu den Zeitpunkten $t = 0$, $t = 12$, $t = 27$. Interpretieren Sie die errechneten Zahlenwerte im Sachzusammenhang. 7

d) Der Body-Mass-Index (BMI) errechnet sich für eine Körpergröße von 1,62 m durch folgende Vorschrift:

   $$\text{BMI:}\ m \mapsto \frac{m}{1{,}62^2}$$

   Dabei stellt m die Masse in kg dar.
   Der Ernährungsberater der Kundin ist zufrieden. Zeigen Sie, dass die Kundin nach 27 Wochen ihr erstes Etappenziel $\text{BMI} \approx 30$ erreicht hat. 2

Hinweise und Tipps

1 Die Formeln für den Winkel zwischen zwei Vektoren sowie für das Vektorprodukt zweier Vektoren finden Sie in der Merkhilfe.

2
- Berechnen Sie zunächst den Abstand der beiden Mittelpunkte.
- Schließen Sie daraus auf die Lage der beiden Kugeln und fertigen Sie eine entsprechende Skizze an.
- Ermitteln Sie den Abstand der beiden Kugeln anhand der Skizze.

3
- Wenden Sie bei a die Produktregel an und differenzieren Sie entsprechend der Kettenregel nach.
- Schreiben Sie bei b die Wurzel um.
- Wenden Sie anschließend die Kettenregel an und differenzieren Sie mithilfe der Quotientenregel nach.

4 Beachten Sie die Definitionsmenge der Grundfunktion $\ln x$.

5
- Beachten Sie bei Teil a die Grenzwertregeln aus der Merkhilfe.
- Stellen Sie für Teil b zwei Terme auf und berechnen Sie den Wert des Parameters a durch Gleichsetzen dieser Terme.
- Bestimmen Sie bei Teil c die Ableitungsfunktion.

Vertiefende Hinweise zum Lösen der Aufgaben finden Sie in
Abitur-Training Analysis (Buch-Nr.: 9400218)
1.8 Exponentialfunktionen
1.10 Exponential- und Logarithmusgleichungen
2.1 Definitionsmenge
3.1 Grenzwerte vom Typ $x \to \pm\infty$
4.1 Differenzierbarkeit
4.2 Ableitungsregeln
13 Abnahmeprozesse
Abitur-Training Analytische Geometrie (Buch-Nr.: 940051)
4.2 Länge eines Vektors
4.3 Winkel zwischen zwei Vektoren
6.2 Vektorprodukt
9.1 Fläche eines Parallelogramms
10.2 Kugeln

Lösung

BE

1 $\vec{a} = \begin{pmatrix} 3 \\ 3 \\ 2 \end{pmatrix}$ und $\vec{b} = \begin{pmatrix} 4 \\ 1 \\ 2 \end{pmatrix}$

a) 5 Minuten,

$$\cos\varphi = \frac{\vec{a} \circ \vec{b}}{|\vec{a}| \cdot |\vec{b}|}$$ 0,5

$$\cos\varphi = \frac{\begin{pmatrix} 3 \\ 3 \\ 2 \end{pmatrix} \circ \begin{pmatrix} 4 \\ 1 \\ 2 \end{pmatrix}}{\sqrt{9+9+4} \cdot \sqrt{16+1+4}}$$ 0,5

$$\cos\varphi = \frac{12+3+4}{\sqrt{22} \cdot \sqrt{21}}$$ 1

$$\cos\varphi = \frac{19}{\sqrt{22} \cdot \sqrt{21}} \approx 0{,}88$$

$$\varphi \approx 27{,}9°$$ 1

b) 5 Minuten, /

$$\begin{pmatrix} 3 \\ 3 \\ 2 \end{pmatrix} \times \begin{pmatrix} 4 \\ 1 \\ 2 \end{pmatrix} = \begin{pmatrix} 3 \cdot 2 - 2 \cdot 1 \\ 2 \cdot 4 - 3 \cdot 2 \\ 3 \cdot 1 - 3 \cdot 4 \end{pmatrix}$$

$$\begin{matrix} 3 & 4 \\ 3 & 1 \end{matrix}$$

Rechenregel siehe Merkhilfe
Trick: 2 Zeilen dazuschreiben, Einstieg in der 2. Zeile 0,5

$$= \begin{pmatrix} 4 \\ 2 \\ -9 \end{pmatrix}$$ 0,5

oder: $\begin{pmatrix} 4 \\ 1 \\ 2 \end{pmatrix} \times \begin{pmatrix} 3 \\ 3 \\ 2 \end{pmatrix} = \begin{pmatrix} 2-6 \\ 6-8 \\ 12-3 \end{pmatrix} = \begin{pmatrix} -4 \\ -2 \\ 9 \end{pmatrix}$ (*Hinweis*: Eine Lösung genügt.)

$$\begin{matrix} 4 & 3 \\ 1 & 3 \end{matrix}$$

$\vec{a} \times \vec{b}$ steht senkrecht auf den beiden Vektoren $\vec{a}$ und $\vec{b}$. 1

$$|\vec{a} \times \vec{b}| = \left| \begin{pmatrix} 4 \\ 2 \\ -9 \end{pmatrix} \right|$$

$$= \sqrt{16+4+81} = \sqrt{101} \approx 10{,}0$$ 1

Geometrisch entspricht $|\vec{a} \times \vec{b}|$ der Fläche des Parallelogramms, das von $\vec{a}$ und $\vec{b}$ aufgespannt wird. 1

2 8 Minuten,

$M_1(9|5|5) \quad r_1 = 5\text{ cm}$

$M_2(3|-7|1) \quad r_2 = 6\text{ cm}$

Man berechnet zuerst den Abstand der beiden Mittelpunkte:

$$\overrightarrow{M_1M_2} = \begin{pmatrix} 3-9 \\ -7-5 \\ 1-5 \end{pmatrix} = \begin{pmatrix} -6 \\ -12 \\ -4 \end{pmatrix}$$ 1

$$\overline{M_1M_2} = \sqrt{36+144+16}$$
$$= \sqrt{196} = 14 \text{ [cm]}$$ 1

Da der Abstand der beiden Mittelpunkte größer als die Summe der beiden Kugelradien ist, liegen die Kugeln nebeneinander, ohne sich zu schneiden. 0,5

Skizze:

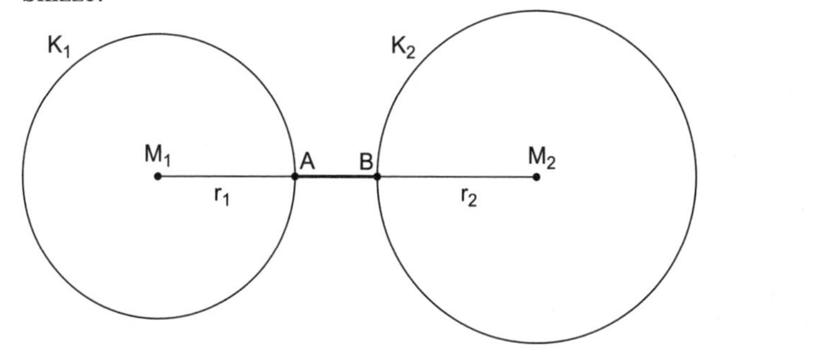

1

Der Abstand der beiden Kugeln entspricht damit dem Abstand der Punkte A und B. Dieser ergibt sich wiederum als Differenz des Abstands der Mittelpunkte und der Summe der beiden Radien (vgl. Skizze). 0,5

$r_1 = \overline{M_1A} = 5\text{ cm}; \quad r_2 = \overline{M_2B} = 6\text{ cm}$ 0,5

$$\left.\begin{array}{r} r_1 + r_2 = 11\text{ cm} \\ \overline{M_1M_2} = 14\text{ cm} \end{array}\right\} \text{Differenz } 3\text{ cm}$$ 0,5

$\Rightarrow$ Die Kugeln haben den Abstand 3 cm. 1

3 a) 3 Minuten,

$f(x) = e^{-4x} \cdot \sin(3x+5)$

$f'(x) = e^{-4x} \cdot (-4) \cdot \sin(3x+5)$ 1,5

$\quad + e^{-4x} \cdot \cos(3x+5) \cdot 3$ 1,5

Ableitung nach der Produktregel. Jeder Faktor wird zusätzlich nachdifferenziert.

b) 5 Minuten,

$$g(x) = \sqrt{\frac{x^2+1}{x^4+5}}$$

g(x) lässt sich umschreiben:

$$g(x) = \left(\frac{x^2+1}{x^4+5}\right)^{\frac{1}{2}}$$ 0,5

$$g'(x) = \frac{1}{2}\left(\frac{x^2+1}{x^4+5}\right)^{-\frac{1}{2}}$$ 1

$$\cdot \frac{(x^4+5)\cdot 2x-(x^2+1)\cdot 4x^3}{(x^4+5)^2}$$ 2 0,5

Ableitung nach der Kettenregel. Beim Nachdifferenzieren wird die Quotientenregel verwendet.

4 3 Minuten,

Das Argument der ln-Funktion muss jeweils positiv sein:

$$f(x) = \ln\left(\frac{x}{4}\right)$$

$$\frac{x}{4} > 0 \quad \Leftrightarrow \quad x > 0 \qquad \Rightarrow \quad \mathbb{D}_f = \mathbb{R}^+$$ 1

$$g(x) = \ln\left(-\frac{2}{x}\right)$$

$$-\frac{2}{x} > 0 \quad \Leftrightarrow \quad x < 0 \quad \Rightarrow \quad \mathbb{D}_g = \mathbb{R}^-$$ 1

5 $m_a(t) = 40\cdot e^{-at}+62 \qquad t \geq 0;\ a \in [0{,}01;\ 0{,}03]$

a) 4 Minuten, /

$m_a(0) = 40\cdot e^0 + 62 = 102$ 0,5

Das Ausgangsgewicht der Kundin beträgt 102 kg.

$$\lim_{t\to\infty} m_a(t) = \lim_{t\to\infty} 40e^{-at}+62 = \lim_{t\to\infty} 40\cdot\frac{1}{\underbrace{e^{at}}_{\to 0}}+62 = 62$$ 1,5

Das von der Kundin angestrebte Normalgewicht beträgt 62 kg.

b) 🕓 12 Minuten,

wöchentlich 1 kg $\Rightarrow$ 12 kg in 12 Wochen

(1) $m_a(12) = 102 - 12 = 90$ 1

(2) $m_a(12) = 40 \cdot e^{-12a} + 62$ 1

Gleichsetzen und a bestimmen:

$$90 = 40e^{-12a} + 62 \quad |-62$$ 1

$$28 = 40e^{-12a} \quad |:40$$ 0,5

$$\frac{28}{40} = e^{-12a}$$ 0,5

$$\ln\left(\frac{28}{40}\right) = -12a \quad |:(-12)$$ Logarithmieren 1

$$-\frac{1}{12}\ln\left(\frac{28}{40}\right) = a$$ 1

$$a \approx 0{,}0297$$ 1

c) 🕓 10 Minuten,

$m(t) = 40 \cdot e^{-0{,}03t} + 62$

Die Änderungsrate ergibt sich als Ableitung nach der Zeit:

$\dot{m}(t) = 40e^{-0{,}03t} \cdot (-0{,}03) = -1{,}2 \cdot e^{-0{,}03t}$ 2

$\dot{m}(0) = -1{,}2$ 1

$\dot{m}(12) \approx -0{,}84$ 1

$\dot{m}(27) \approx -0{,}53$ 1

Mögliche Interpretation:
Zu Beginn des Ernährungsprogramms ist die Abnahme am größten (1,2 kg pro Woche), später wird sie geringer, beträgt aber nach etwa 30 Wochen immer noch ca. 0,5 kg pro Woche. 2

Hinweis: Die Aufgabenstellung ist offen formuliert. Es sind auch andere Interpretationen denkbar.

d) 🕓 5 Minuten,

$m(27) = 40 \cdot e^{-0{,}03 \cdot 27} + 62$ 0,5

$\approx 79{,}8$ 0,5

BMI: $\frac{79{,}8}{1{,}62^2} \approx 30{,}4 \approx 30$ 1

Klausur 8

BE

1 Formulieren Sie das „empirische Gesetz der großen Zahlen“. Erläutern Sie es dann anhand eines selbst gewählten Beispiels ausführlich. Achten Sie hierbei sowohl auf Fachsprache als auch auf Anschaulichkeit. 8

2 In einer Lostrommel sind
- 80 % der Lose Nieten (N),
- 40 % der Lose schwarz gefärbt (S),
- 5 % der Lose schwarz gefärbt, aber keine Nieten.

Es wird ein Los gezogen.

a) Zeichnen Sie eine vollständig beschriftete Vierfeldertafel, in der die Wahrscheinlichkeiten, auch der Spalten und Zeilen, eingetragen sind. 2

b) Bestimmen Sie die Wahrscheinlichkeit P(B), dass das gezogene Los ein Gewinnlos, aber nicht schwarz ist. 1

c) Bestimmen Sie die Wahrscheinlichkeit P(C), dass das gezogene Los ein Gewinnlos oder ein schwarz gefärbtes Los ist. 3

3 A und B sind zwei stochastisch unabhängige Ereignisse mit $P(A)=0{,}2$ und $P(A \cup B)=0{,}5$.
Berechnen Sie P(B). 3

4 Die Höhe einer wachsenden Pflanze wird näherungsweise beschrieben durch:

$$h:\ t \mapsto -\frac{1}{20}(25+16t)e^{-0{,}64t}+1{,}4 \qquad t \geq 0$$

Die Zeit t wird ab dem Einpflanzen in Monaten gemessen, die Höhe wird in Metern angegeben.

a) Wie hoch war die Pflanze beim Einpflanzen? 2

b) Zeigen Sie, dass für die Höhenzuwachsrate der Pflanze Folgendes gilt:

$$g:\ t \mapsto 0{,}512 \cdot t \cdot e^{-0{,}64t}$$

Begründen Sie Ihr Vorgehen in Bezug auf den Sachzusammenhang. 7

c) Begründen Sie kurz auf mathematischer Ebene: Die Höhe der Pflanze ist monoton zunehmend.
Geben Sie die theoretische Maximalhöhe der Pflanze an. Begründen Sie Ihre Rechnung unter Zurückführung auf die Grenzwertregeln. 4

d) Untersuchen Sie nach geeigneter Kurvendiskussion – Ihr Vorgehen ist dabei gründlich zu dokumentieren – die Höhenzuwachsrate anhand folgender Kriterien:
- Für welchen Zeitpunkt ist die Höhenzuwachsrate extremal?
- Handelt es sich um ein Maximum oder ein Minimum?
- Wie hoch ist die extremale Höhenzuwachsrate? Welche absolute Höhe hat die Pflanze zu diesem Zeitpunkt?

Antworten Sie in einem vollständigen Satz unter Verwendung der passenden Einheiten. 10

Hinweise und Tipps

1 Hier wird Grundwissen abgefragt. Wählen Sie im Kopf zuerst ein Beispiel und versuchen Sie sich dann an die Fachsprache zu erinnern.

2
- Kennzeichnen Sie in der Vierfeldertafel die Werte, die Sie direkt aus dem Text gewonnen haben.
- Kontrollieren Sie nach dem Ausfüllen der Vierfeldertafel, ob alle Summenwahrscheinlichkeiten passen.
- Suchen Sie für Aufgabe b bzw. c die zugehörigen Felder und bilden Sie eine entsprechende Summe.
- Ziehen Sie auch das Gegenereignis in Betracht.

3
- Verwenden Sie die Summenregel (Additionssatz), die nicht in der Merkhilfe steht. Diese lässt sich auch mittels Mengendiagramm herleiten.
- Benutzen Sie dann die Rechenregel für unabhängige Ereignisse (siehe Merkhilfe).

4
- Bei Aufgabe b geht es um die Höhenzuwachsrate der Pflanze, also um die Änderungsrate der Pflanzenhöhe.
- Verwenden Sie für die Ableitung die Produktregel aus der Merkhilfe.
- Die Pflanzenhöhe nimmt monoton zu, wenn die Änderungsrate der Höhe stets positiv ist.
- Bestimmen Sie für Aufgabe c den Grenzwert der Pflanzenhöhe.
- Beachten Sie bei Aufgabe d, dass die Höhenzuwachsrate zu diskutieren ist, d. h., es wird die Ableitung der Höhenzuwachsrate benötigt.
- Beachten Sie das Kriterium für Extrempunkte aus der Merkhilfe und argumentieren Sie aufgrund der Monotonie.
- Vergessen Sie im Antwortsatz die Einheiten nicht.

Vertiefende Hinweise zum Lösen der Aufgaben finden Sie in

Abitur-Training Analysis (Buch-Nr.: 9400218)
1.8 Exponentialfunktionen
3.1 Grenzwerte vom Typ $x \to \pm\infty$
4.1 Differenzierbarkeit
4.2 Ableitungsregeln
5.1 Steigungsverhalten
5.2 Relative Extrema
14 Wachstumsprozesse

Abitur-Training Stochastik (Buch-Nr.: 940091)
Kapitel „Zufallsexperimente“, Abschnitt 2
Kapitel „Der Wahrscheinlichkeitsbegriff“, Abschnitte 1, 2 und 4
Kapitel „Bedingte Wahrscheinlichkeit und stochastische Unabhängigkeit“, Abschnitt 3

Lösung

1 12 Minuten,

Empirisches Gesetz der großen Zahlen:

Bei **Zufallsexperimenten** nähert sich die **relative Häufigkeit** eines Ereignisses nach einer **großen Anzahl** von Versuchen einem **festen Zahlenwert**. Dieser wird **Wahrscheinlichkeit** genannt. — 1 / 0,5 / 0,5

Kurz: $h_n(A) \to P(A)$ für $n \to \infty$

Beispiel: Werfen eines Würfels — 1

Bei 60 Würfen kann die absolute Häufigkeit noch stark streuen, damit variiert auch die relative Häufigkeit, z. B.: — 1

Ziffer 1:	5-mal	8,3 %
Ziffer 2:	9-mal	15 %
Ziffer 3:	15-mal	25 %
Ziffer 4:	3-mal	5 %
Ziffer 5:	20-mal	33,3 %
Ziffer 6:	8-mal	13,3 %

1

Wirft man den Würfel 6 000 000-mal, so wirken sich Schwankungen in der absoluten Häufigkeit kaum mehr aus, z. B.: — 1

Ziffer 1: 1 000 251-mal → relative Häufigkeit ≈ 16,7 %

Ziffer 2: 980 957-mal → relative Häufigkeit ≈ 16,3 % usw. — 1

Die Werte nähern sich dem Wert $p = \frac{1}{6} \approx 16{,}7\ \%$. — 1

Hinweis: Die Aufgabenstellung ist offen formuliert, das Beispiel kann frei gewählt werden und entsprechend ist eine individuelle Lösung möglich.

2 a) 4 Minuten,

N ≙ Niete S ≙ schwarz gefärbt

	N	$\overline{N}$	
S	0,35	**0,05**	**0,4**
$\overline{S}$	0,45	0,15	0,6
	0,8	0,2	1

2

Die fett gedruckten Werte sind gegeben; die übrigen Wahrscheinlichkeiten ergeben sich so, dass die Summe einer Spalte bzw. Zeile jeweils der Randwahrscheinlichkeit entspricht.

b) 2 Minuten,
$P(B) = P(\overline{N} \cap \overline{S}) = 0{,}15 = 15\ \%$ 1

c) 4 Minuten, /
$P(C) = P(\overline{N \cup S})$ 1

$= P(\overline{N} \cap S) + P(\overline{N} \cap \overline{S}) + P(N \cap S)$ 1

$= 0{,}05 + 0{,}15 + 0{,}35 = 0{,}55 = 55\ \%$ 1

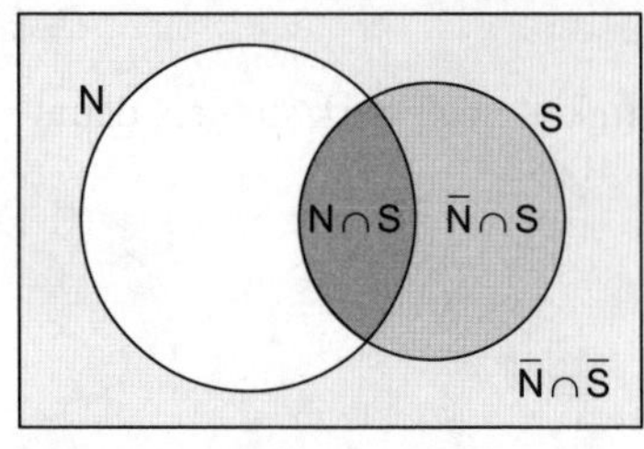

Einfacher: $P(C) = 1 - P(N \cap \overline{S}) = 1 - 0{,}45 = 0{,}55 = 55\ \%$

3 5 Minuten, /
Gegeben: $P(A) = 0{,}2 \quad P(A \cup B) = 0{,}5$
Unabhängigkeit zweier Ereignisse (siehe Merkhilfe):
$P(A \cap B) = P(A) \cdot P(B)$

Gesucht: $P(B)$
Es gilt der Additionssatz (nicht in der Merkhilfe enthalten!):
$P(A \cup B) = P(A) + P(B) - P(A \cap B)$ 1

Mit $P(A \cap B) = P(A) \cdot P(B)$ folgt:
$P(A \cup B) = P(A) + P(B) - P(A) \cdot P(B)$ 0,5

Nun können die gegebenen Größen eingesetzt und P(B) kann errechnet werden:

$0{,}5 = 0{,}2 + P(B) - 0{,}2 \cdot P(B) \quad | -0{,}2$ 0,5

$0{,}3 = 0{,}8 \cdot P(B) \quad | : 0{,}8$ 0,5

$\frac{3}{8} = P(B)$ 0,5

4 $h(t) = -\frac{1}{20}(25+16t)e^{-0,64t} + 1,4 \qquad t \geq 0$

a) 2 Minuten,

Es ist die Höhe zum Zeitpunkt $t=0$ gesucht. 0,5

$h(0) = -\frac{1}{20} \cdot 25 \cdot e^0 + 1,4$ 0,5

$= 0,15$ 0,5

Die Pflanze war beim Einpflanzen 15 cm hoch. 0,5

b) 10 Minuten, /

$g(t) = 0,512 \cdot t \cdot e^{-0,64t} \qquad t \geq 0$

Zu zeigen: g(t) gibt die Höhenzuwachsrate an, d. h., g(t) gibt die momentane Änderung der Höhe h(t) an, also gilt es zu zeigen, dass 1
$\dot{h}(t) = g(t)$. 1

$\dot{h}(t) = -\frac{1}{20} \cdot 16 \cdot e^{-0,64t}$ 0,5

$-\frac{1}{20}(25+16t)e^{-0,64t} \cdot (-0,64) + 0$ Produktregel 1,5

$= -\frac{1}{20}e^{-0,64t}[16 + (25+16t)(-0,64)]$ Ausklammern von $-\frac{1}{20}e^{-0,64t}$ 1

$= -\frac{1}{20}e^{-0,64t}[16 - 16 - 10,24t]$ Term vereinfachen 1

$= 0,512te^{-0,64t}$ Ausmultiplizieren 1

c) 6 Minuten,

Zu zeigen: h(t) streng monoton zunehmend, d. h. $g(t) = \dot{h}(t) > 0$.

$g(t) = \underbrace{0,512}_{>0} \cdot \underbrace{t}_{>0} \cdot \underbrace{e^{-0,64t}}_{>0} > 0 \quad$ für $t > 0$ 1

$\lim\limits_{t \to \infty} h(t) = \lim\limits_{t \to \infty} -\frac{1}{20}(25+16t)e^{-0,64t} + 1,4$

$= -\frac{1}{20} \lim\limits_{t \to \infty} \underbrace{\left[\underbrace{\frac{25}{e^{0,64t}}}_{\to 0} + \underbrace{\frac{16t}{e^{0,64t}}}_{\to 0}\right]}_{\to 0} + 1,4$ Grenzwertregeln 1; nach Merkhilfe 0,5; 0,5

$= 1,4$ 0,5

Die theoretische Maximalhöhe beträgt 1,4 m. 0,5

d) 15 Minuten, /

Es soll die Höhenzuwachsrate g(t) untersucht werden. Diese
- nimmt ab, wenn $\dot{g}(t) < 0$;
- nimmt zu, wenn $\dot{g}(t) > 0$;
- ist extremal, wenn $\dot{g}(t) = 0$ und ein Vorzeichenwechsel stattfindet. 1

Berechnung von $\dot{g}(t)$:

$g(t) = 0{,}512te^{-0{,}64t}$

$\dot{g}(t) = 0{,}512[1 \cdot e^{-0{,}64t} + t \cdot e^{-0{,}64} \cdot (-0{,}64)]$ Produktregel 1

$= 0{,}512e^{-0{,}64t}[1 - 0{,}64t]$ Ausklammern von $e^{-0{,}64t}$ 1

$\dot{g}(t) = 0$ 0,5

$\underbrace{0{,}512 \cdot e^{-0{,}64t}}_{>0}(1 - 0{,}64t) = 0$ 0,5

$1 = 0{,}64t$

$1{,}5625 = t$ 1

$\dot{g}(t)$ wechselt bei t = 1,5625 das Vorzeichen (auch einzige Nullstelle von $\dot{g}(t)$), also liegt eine Extremalstelle von g(t) vor. 1

$t < 1{,}5625 \Rightarrow \dot{g}(t) > 0 \Rightarrow$ g(t) wächst

$t > 1{,}5625 \Rightarrow \dot{g}(t) < 0 \Rightarrow$ g(t) fällt

Es handelt sich somit um ein Maximum $\Rightarrow$ maximale Höhenzuwachsrate für t = 1,5625 1

Die maximale Höhenzuwachsrate beträgt $g(1{,}5625) \approx 0{,}29$. 0,5

Die absolute Höhe zu diesem Zeitpunkt ist $h(1{,}5625) \approx 0{,}48$. 0,5

Etwa 1,6 Monate nach dem Einpflanzen wächst die Pflanze maximal um $0{,}29 \frac{m}{Monat}$; ihre Höhe beträgt zu diesem Zeitpunkt 0,48 m. 2

Klausur 9

BE

1 Die Supermarktkette „Cheap“ verkauft unter anderem Halogenreflektorlampen, die wesentlich günstiger als beim Markenhändler sind. Es treten allerdings auch mehr Ausfälle auf als bei den teureren Lampen. Folgende zwei Hauptfehler werden genannt:

C: Die Leistung der Lampe weicht um bis zu 20 % vom aufgedruckten Wert ab.

D: Die Dicke des Sockels weicht minimal vom richtigen Wert ab.

Die Wahrscheinlichkeitsverteilung können Sie dem folgenden Diagramm entnehmen:

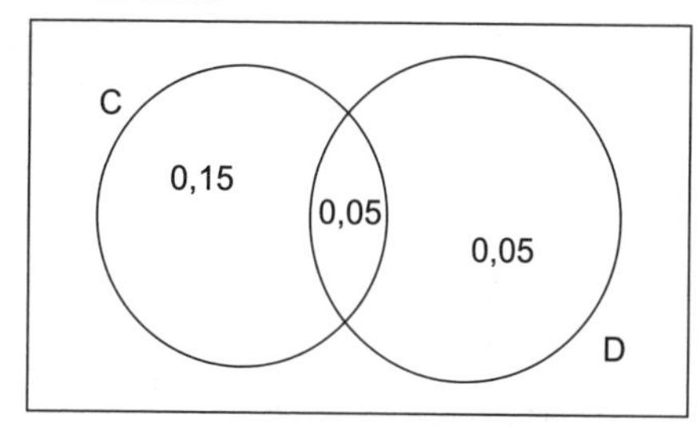

a) Fertigen Sie eine vollständig beschriftete Vierfeldertafel an. — 4

b) Zeigen Sie, dass die beiden Ereignisse C und D stochastisch abhängig sind. — 2

c) Entwickeln Sie aus der Vierfeldertafel ein vollständig mit Wahrscheinlichkeiten beschriftetes Baumdiagramm. Beginnen Sie dabei mit dem Ereignis C.
Wie kann man auch hieraus gut erkennen, dass die beiden Ereignisse C und D stochastisch abhängig sind? Begründen Sie ausführlich in Worten. Erklären Sie Ihre Beobachtung anhand von mindestens zwei Merkmalen aus dem Baumdiagramm. — 8

d) Die Wahrscheinlichkeiten für die beiden Fehler C und D seien unverändert. Jedoch wird das Produktionsverfahren der Halogenreflektorlampen abgeändert. Es kann nun gewährleistet werden, dass die Fehler unabhängig voneinander auftreten.
Berechnen Sie unter dieser Voraussetzung die Wahrscheinlichkeiten für folgende Ereignisse:
E: Es treten beide Fehler auf.
F: Es tritt mindestens ein Fehler auf. — 5

2 Gegeben ist die Funktion

$f\colon\ x \to \ln x \qquad \mathbb{D}_f = \mathbb{R}^+$

sowie die folgenden vier Abbildungen von Logarithmusfunktionen. Diese sind durch Verschiebung, Spiegelung oder Streckung bzw. Stauchung aus der Funktion f entstanden.

I $\mathbb{D}_g = \mathbb{R}^+ \quad A(e\,|\,-2) \in G_g$

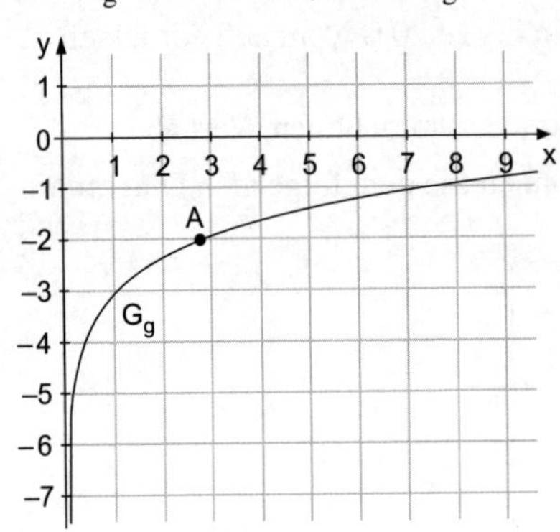

II $\mathbb{D}_h =]-2;\infty[$

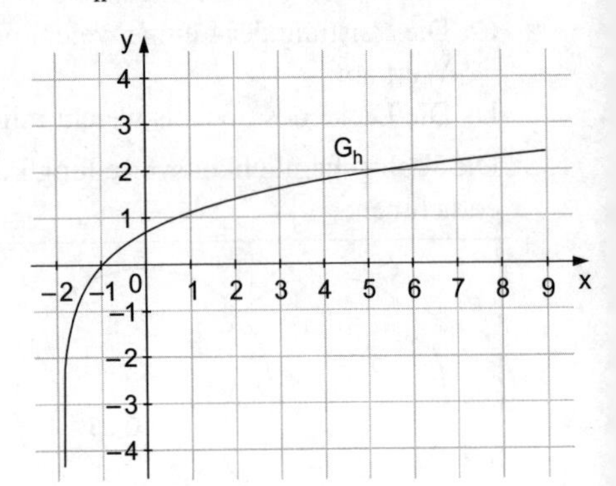

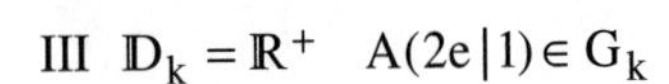

III $\mathbb{D}_k = \mathbb{R}^+ \quad A(2e\,|\,1) \in G_k$

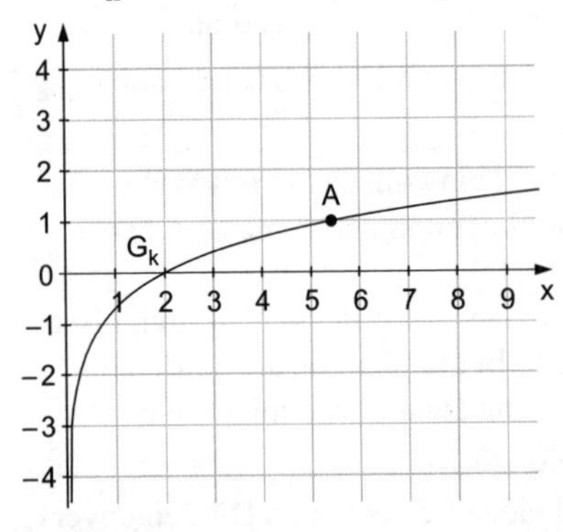

IV $\mathbb{D}_\ell = \mathbb{R}^+$

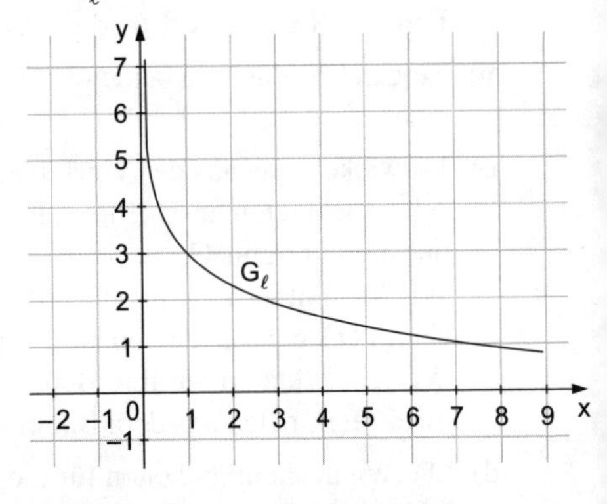

Beschreiben Sie in Worten, wie die einzelnen Graphen aus dem Graphen der Grundfunktion f hervorgehen. Entwickeln Sie dabei Ihren Gedankengang ausführlich. Geben Sie anschließend den Funktionsterm zu jeder Funktion an. 12

3 Die unten angegebenen drei Behauptungen sind falsch. Dies kann man am einfachsten durch ein Gegenbeispiel zeigen; gehen Sie dazu wie folgt vor: Veranschaulichen Sie bei a und b das Gegenbeispiel an einer groben Skizze und geben Sie einen möglichen Funktionsterm an.
Entwickeln Sie bei c ausführlich in Worten Ihren Gedankengang und geben Sie einen möglichen Funktionsterm an.

a) Wenn in einem Punkt die erste Ableitung der Funktion null ist, dann hat die Funktion dort einen Extrempunkt. 2

b) Wenn der Graph einer Funktion zur y-Achse symmetrisch ist, dann hat er auf der y-Achse einen Extrempunkt. 2

c) Jede gebrochenrationale Funktion hat mindestens eine Asymptote. 5

Hinweise und Tipps

1
- Lesen Sie für die Vierfeldertafel aus dem Diagramm $P(C \cap D)$, P(C) und P(D) ab und ergänzen Sie die restlichen Felder mithilfe von Differenzen- und Summenwahrscheinlichkeiten.
- Wenden Sie bei Aufgabe b die Definition für stochastische Unabhängigkeit aus der Merkhilfe an.
- Wenden Sie für Aufgabe c die 1. Pfadregel an, um die bedingten Wahrscheinlichkeiten für die 2. Stufe des Baumdiagramms zu erhalten.
- Interpretieren Sie die Ergebnisse aus dem Baumdiagramm in Bezug auf die stochastische Abhängigkeit der Ereignisse.
- Die Formulierung der Ereignisse E bzw. F in Aufgabe d deutet auf Schnitt- bzw. Vereinigungsmenge hin.

2 Mögliche Herangehensweisen:
- Gleiche Definitionsmenge deutet darauf hin, dass in x-Richtung nicht verschoben wurde.
- Veränderte Monotonie könnte auf Spiegelung hinweisen.
- $\ln 1 = 0$ und $\ln e = 1$ sind bekannt.
- Aus den angegebenen oder abgelesenen Punkten kann erkannt werden, wie der Graph gestaucht/gestreckt bzw. um wie viel er verschoben wurde.

3
- Beziehen Sie in Ihre Überlegungen zu Teil b den Fall $\mathbb{D} = \mathbb{R} \setminus \{0\}$ mit ein.
- Überlegen Sie für Teil c, welche Arten von Asymptoten es gibt.
- Unter welchen Bedingungen treten diese Asymptoten jeweils auf?
- Entwickeln Sie eine einfache Funktion als Gegenbeispiel.

Vertiefende Hinweise zum Lösen der Aufgaben finden Sie in

Abitur-Training Analysis (Buch-Nr.: 9400218)
1.9 Logarithmusfunktionen
2.4 Lage- und Formänderungen von Funktionsgraphen
3.3 Asymptoten
5.1 Steigungsverhalten
5.2 Relative Extrema

Abitur-Training Stochastik (Buch-Nr.: 940091)
Kapitel „Zufallsexperimente", Abschnitt 2
Kapitel „Der Wahrscheinlichkeitsbegriff", Abschnitte 2, 4 und 6
Kapitel „Bedingte Wahrscheinlichkeit und stochastische Unabhängigkeit"

Lösung

1 Aus dem Diagramm entnimmt man:
$P(C) = 0{,}15 + 0{,}05 = 0{,}20 = 20\ \%$
$P(D) = 0{,}05 + 0{,}05 = 0{,}10 = 10\ \%$
$P(C \cap D) = 0{,}05 = 5\ \%$

a) 🕓 6 Minuten, 🥜.
Eintragen in die Vierfeldertafel und durch Differenzbildung weitere Werte errechnen (die fett gedruckten Werte sind gegeben):

	D	$\overline{D}$	
C	**0,05**	**0,15**	$0{,}05 + 0{,}15 = 0{,}20$
$\overline{C}$	**0,05**	$0{,}90 - 0{,}15 = 0{,}75$	$1 - 0{,}20 = 0{,}80$
	$0{,}05 + 0{,}05 = 0{,}10$	$1 - 0{,}10 = 0{,}90$	1

4

b) 🕓 3 Minuten, 🥜.
Zwei Ereignisse sind stochastisch unabhängig (siehe Merkhilfe), wenn
$P(C \cap D) = P(C) \cdot P(D)$. 0,5

Prüfen: $P(C) \cdot P(D) = 0{,}20 \cdot 0{,}10 = 0{,}02$ 0,5
$P(C \cap D) = 0{,}05 \neq 0{,}02$ 0,5

Die Ereignisse C und D sind stochastisch abhängig. 0,5

c) 🕓 12 Minuten, 🥜🥜 / 🥜🥜🥜.
Vorgehensweise:
- Wahrscheinlichkeiten aus der Vierfeldertafel nutzen
- Bedingte Wahrscheinlichkeiten über 1. Pfadregel erhalten, z. B. gilt:
  $$P(C) \cdot P_C(D) = P(C \cap D)$$
  $$\Rightarrow \quad P_C(D) = \frac{P(C \cap D)}{P(C)}$$
- Die Summe der Äste pro Verzweigungspunkt ergibt 1.

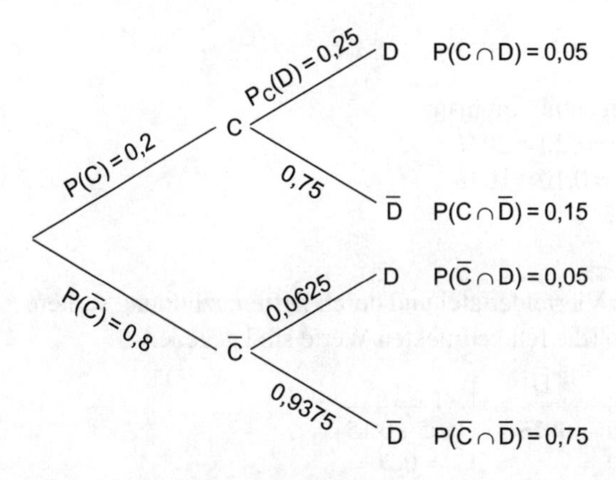

5

Aus dem Baumdiagramm sieht man sofort, dass sich die Zahlenwerte in der 2. Stufe an den beiden oberen bzw. an den beiden unteren Ästen jeweils unterscheiden. Das ist ein klares Erkennungsmerkmal für „voneinander abhängige Ereignisse“. 1,5

Auch kann man erkennen, dass $P_C(D) = 25\ \%$ und $P_{\overline{C}}(D) = 6{,}25\ \%$ beträgt. Damit tritt Ereignis D, wenn vorher C schon eingetreten ist, mit weitaus höherer Wahrscheinlichkeit ein, als wenn C vorher nicht eingetreten ist. 1,5

d) 8 Minuten,

Aus dem Mengendiagramm:

$P(C) = 0{,}20 \qquad P(D) = 0{,}10$

$E \triangleq C$ **und** D

$P(E) = P(C \cap D)$		0,5
$= P(C) \cdot P(D)$	Unabhängigkeit	0,5
$= 0{,}2 \cdot 0{,}1 = 0{,}02 = 2\ \%$		0,5

Mit 2 % Wahrscheinlichkeit treten beide Fehler auf. 0,5

$F \triangleq C$ **oder** D

$P(F) = P(C \cup D)$		1
$= P(C) + P(D) - P(C \cap D)$	Additionssatz	0,5
$= 0{,}2 + 0{,}1 - 0{,}02 = 0{,}28 = 28\ \%$		1

Mit 28 % Wahrscheinlichkeit tritt mindestens ein Fehler auf. 0,5

2 17 Minuten,

$f(x) = \ln x \qquad \mathbb{D}_f = \mathbb{R}^+$

I $\mathbb{D}_g = \mathbb{R}^+ \quad A(e\,|\,-2) \in G_g$

G_f wurde nach unten verschoben. 0,5

Die Definitionsmenge ist gleich geblieben, daher liegt keine Verschiebung nach links oder rechts vor. 0,5

$g(1) = -3 \qquad f(1) = 0$ (−3)

$g(e) = -2 \qquad f(e) = 1$ (−3)

Daher erfolgte eine Verschiebung um 3 Einheiten nach unten. 1

$g(x) = \ln x - 3$ 1

II $\mathbb{D}_h =]-2; \infty[\quad \mathbb{D}_f = \mathbb{R}^+ =]0; \infty[$

$\Rightarrow$ Der Graph G_f könnte um zwei Einheiten nach links verschoben worden sein. 1

$h(-1) = 0 \qquad f(1) = 0$ (−2)

$h(e-2) \approx h(0{,}7) \approx 1 \qquad f(e) = 1$ (−2)

Es erfolgte also tatsächlich eine Verschiebung um 2 Einheiten nach links. 1

$h(x) = \ln(x+2)$ 1

III $\mathbb{D}_k = \mathbb{R}^+ \quad A(2e\,|\,1) \in G_k$

$\mathbb{D}_k = \mathbb{D}_f \quad \Rightarrow$ Der Graph wurde nicht längs der x-Achse verschoben. 1

Es könnte sich um eine Streckung oder Stauchung handeln.

$$\left.\begin{array}{ll} f(1) = 0 & k(2) = 0 \\ f(e) = 1 & k(2e) = 1 \end{array}\right\} \Rightarrow \text{Stauchung, Faktor } \tfrac{1}{2}$$ 1

$k(x) = \ln\left(\frac{1}{2}x\right)$ 1

IV $\mathbb{D}_\ell = \mathbb{R}^+$

In jedem Fall wurde G_f zuerst an der x-Achse gespiegelt und nicht nach rechts oder links verschoben (gleiche Definitionsmenge $\mathbb{D}_\ell = \mathbb{D}_f$). 1

Die Nullstelle ($f(1) = 0$) bleibt beim Spiegeln an der x-Achse erhalten; da $\ell(1) = 3$, wurde der Graph von f nach dem Spiegeln um 3 Längeneinheiten nach oben verschoben. 1

(Er wurde nicht gestreckt oder gestaucht, da der Punkt $(e \mid 1)$ auf dem Graphen von f beim Spiegeln übergeht in $(e \mid -1)$ und $\ell(e) = 2 = -1 + 3$.)

$\ell(x) = -\ln x + 3$ 1

3 a) 2 Minuten,

$f(x) = x^3 \Rightarrow f'(x) = 3x^2 \quad f'(0) = 0$ 1

Aber kein Extremum in $(0 \mid 0)$.

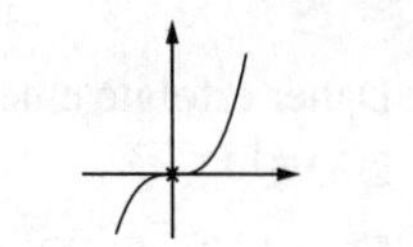

1

b) 3 Minuten,

Die Funktion kann für $x = 0$ auch gar nicht definiert sein, z. B.:

$f(x) = \frac{1}{x^2} \quad \mathbb{D}_f = \mathbb{R} \setminus \{0\}$ 1

Der Graph von f ist achsensymmetrisch zur y-Achse. 1

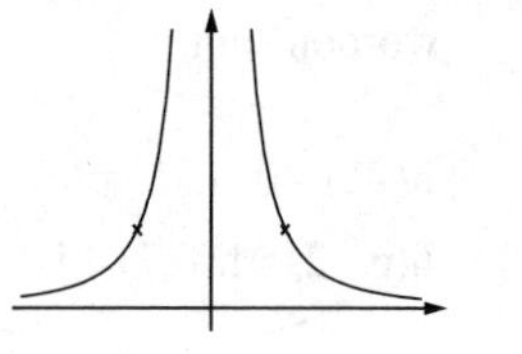

c) 9 Minuten,

Es gibt folgende Arten von Asymptoten:

(1) senkrechte 0,5

(2) waagrechte 0,5

(3) schräge 0,5

(1) tritt auf an Polstellen (nicht kürzbare Definitionslücken). 0,5

(2) tritt auf, wenn Zählergrad $\leq$ Nennergrad ist. 0,5

(3) tritt auf, wenn der Zählergrad um 1 größer ist als der Nennergrad. 0,5

$\Rightarrow$ Suche als Gegenbeispiel eine Funktion, deren Nenner nicht null wird, z. B. $n(x) = x^2 + 1$, und deren Zählergrad um mindestens 2 größer ist als der Nennergrad, z. B. $z(x) = x^4$.

$$\Rightarrow \quad f(x) = \frac{x^4}{x^2 + 1}$$ 1

1

Klausur 10

BE

1 Beim Abfüllen von Wein in Flaschen treten zwei Fehler V und F auf.
V: Deckel defekt
F: Füllmenge falsch
Es gilt: $P(F \cup V) = 8{,}8\,\%$ $P(V) = 5{,}0\,\%$ $P(V \cap F) = 0{,}2\,\%$
Untersuchen Sie, ob die beiden Fehler voneinander unabhängig sind. 5

2 Gegeben ist die Funktion

$$f:\ x \mapsto \frac{4}{\sqrt{3x+4}} \qquad \mathbb{D}_f = \mathbb{D}_{max}$$

a) Bestimmen Sie den maximalen Definitionsbereich. Bestimmen Sie das Verhalten an den Rändern und geben Sie alle Asymptoten an. 4

b) Zeigen Sie, dass für den Term der Ableitungsfunktion gilt:
$f'(x) = -6(3x+4)^{-1,5}$ 2

c) Bestimmen Sie die Gleichung der Tangente im Punkt $T(0\,|\,f(0))$. 2

d) Skizzieren Sie den Graphen von f. Zeichnen Sie zuerst die Tangente sowie die Asymptoten ein. 4

3 Ein Antibiotikum wird in unterschiedlichen Wirkstoffkonzentrationen produziert. Den zeitlichen Verlauf der Wirkstoffkonzentration im Blut beschreibt ein Mathematiker durch folgende Funktionenschar:
$f_k:\ t \mapsto k \cdot t \cdot e^{-0,2t} \qquad t \geq 0 \qquad k > 0$
Es wird die Zeit t in Stunden seit der Einnahme und die Wirkstoffkonzentration $f_k(t)$ im Blut in $\frac{mg}{\ell}$ gemessen.

a) Bestimmen Sie $f_k(0)$ sowie $\lim\limits_{t \to \infty} f_k(t)$ und interpretieren Sie im Sachzusammenhang. 2

b) Zeigen Sie, dass für den Term der Ableitungsfunktion von f_k gilt:
$g_k(t) = k \cdot e^{-0,2t}(1 - 0{,}2t)$ 2

c) Bestimmen Sie rechnerisch Monotonie und Extremwerte der Funktionenschar f_k nach Art und Lage.
Formulieren Sie nun den Einfluss des Parameters k in Worten. Argumentieren Sie dabei unter Einbeziehung der Anwendungssituation. 6

d) Die maximale Wirkstoffkonzentration im Blut soll $11\frac{mg}{\ell}$ betragen. Ermitteln Sie den zugehörigen Parameter k. 2

Gerundetes Zwischenergebnis für die folgenden Aufgaben:
$f(t) = 6 \cdot t \cdot e^{-0{,}2t}$

e) Bestimmen Sie den Zeitpunkt, zu dem der Wirkstoff am stärksten abgebaut wird. Argumentieren Sie unter Verwendung der mathematischen Fachsprache und dokumentieren Sie Ihren Gedankengang ausführlich im Anwendungskontext. 8

f) Skizzieren Sie den Graphen von f ausschließlich unter Verwendung der bisherigen Ergebnisse im Bereich $0 \le t \le 24$. 3

Hinweise und Tipps

1
- Die Bedingung für die Unabhängigkeit von Ereignissen finden Sie in der Merkhilfe.
- Verwenden Sie den Additionssatz für Wahrscheinlichkeiten (steht nicht in der Merkhilfe).

2
- Nenner und Wurzel liefern Einschränkungen für den Definitionsbereich.
- Schreiben Sie die Wurzel vor dem Ableiten um.
- Zeichnen Sie für d zuerst die Tangente und die Asymptoten ein.

3
- Lesen Sie den Text genau und achten Sie auf die Formulierung.
- Der Parameter k ist beim Ableiten wie eine Zahl zu behandeln.
- Nutzen Sie für Aufgabe c die Ableitung aus Aufgabe b.
- Hinweise zur Monotonie finden Sie in der Merkhilfe.
- Für Aufgabe d benötigen Sie das Ergebnis aus Aufgabe c.
- Setzen Sie für Aufgabe e den Parameterwert $k=6$ in g_k aus Aufgabe b ein.
- Sie benötigen auch die Ableitung dieser Funktion.

Vertiefende Hinweise zum Lösen der Aufgaben finden Sie in

Abitur-Training Analysis (Buch-Nr.: 9400218)
1.6 Wurzelfunktionen und Wurzelgleichungen
1.8 Exponentialfunktionen
2.1 Definitionsmenge
3.1 Grenzwerte vom Typ $x \to \pm\infty$
3.2 Grenzwerte vom Typ $x \to x_0$
3.3 Asymptoten
4.2 Ableitungsregeln
4.4 Tangenten und Normalen
5.1 Steigungsverhalten
5.2 Relative Extrema
13 Abnahmeprozesse

Abitur-Training Stochastik (Buch-Nr.: 940091)
Kapitel „Der Wahrscheinlichkeitsbegriff“, Abschnitt 4
Kapitel „Bedingte Wahrscheinlichkeit und stochastische Unabhängigkeit“, Abschnitt 3

Lösung

1 8 Minuten,

Gegeben:

$P(F \cup V) = 0{,}088$

$P(V) \quad = 0{,}05$

$P(V \cap F) = 0{,}002$ 0,5

Stochastische Unabhängigkeit bedeutet (siehe Merkhilfe):

$P(F \cap V) = P(F) \cdot P(V)$ 0,5

P(F) wird aus dem Additionssatz bestimmt (steht **nicht** in der Merkhilfe):

$P(F \cup V) = P(F) + P(V) - P(F \cap V)$ 1

$0{,}088 = P(F) + 0{,}05 - 0{,}002$

$0{,}04 = P(F)$ 1

Überprüfen: $P(F) \cdot P(V) \overset{?}{=} P(F \cap V)$

$P(F) \cdot P(V) = 0{,}04 \cdot 0{,}05 = 0{,}002$ 1

$P(F \cap V) = 0{,}002$ 0,5

$\Rightarrow$ Die beiden Ereignisse sind voneinander unabhängig. 0,5

2 $f\colon x \mapsto \dfrac{4}{\sqrt{3x+4}}$

a) 6 Minuten,

Definitionsmenge:

Wegen der Wurzel und weil die Variable x im Nenner steht, muss gelten:

$3x + 4 > 0 \quad | -4$

$3x > -4 \quad | :3$

$x > -\dfrac{4}{3}$

$\Rightarrow \mathbb{D}_f = \left]-\dfrac{4}{3}; \infty\right[$ 1

Verhalten an den Rändern und Asymptoten:

$$\lim_{x \to -\frac{4}{3}^+} \frac{4}{\underbrace{\sqrt{3x+4}}_{\to 0^+}} = +\infty$$ 1

$$\lim_{x \to +\infty} \frac{4}{\underbrace{\sqrt{3x+4}}_{\to +\infty}} = 0$$ 1

Waagrechte Asymptote: $y=0$ 0,5

Senkrechte Asymptote: $x=-\frac{4}{3}$ 0,5

b) 3 Minuten, /
Es ist die Ableitungsfunktion von f zu bestimmen.
Dazu schreibt man f(x) um:

$$f(x) = \frac{4}{\sqrt{3x+4}} = \frac{4}{(3x+4)^{\frac{1}{2}}} = 4\cdot(3x+4)^{-\frac{1}{2}}$$ 1

$$f'(x) = 4\cdot\left(-\frac{1}{2}\right)(3x+4)^{-\frac{3}{2}}\cdot 3$$ Kettenregel

$$= -6\cdot(3x+4)^{-\frac{3}{2}}$$ 1

c) 3 Minuten,

$$f(0) = \frac{4}{\sqrt{3\cdot 0+4}} = 2 \Rightarrow T(0|2)$$ 0,5

$$f'(0) = -6\cdot 4^{-\frac{3}{2}}$$

$$= -\frac{6}{4^{\frac{3}{2}}} = -\frac{6}{8} = -\frac{3}{4}$$ 1

$$y = mx + t$$

$$y = -\frac{3}{4}x + 2$$ 0,5

d) 6 Minuten, /
Skizze:

- Tangente in T(0|2) einzeichnen 2
- Asymptoten kennzeichnen 1
- Graph von f einzeichnen 1

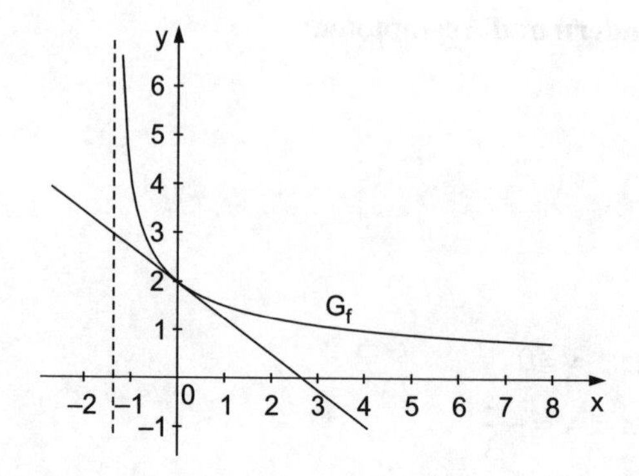

3 a) 3 Minuten, /

$f_k(t) = k \cdot t \cdot e^{-0,2t}$

$f_k(0) = 0$ 0,5

Grenzwertberechnung: Nach Merkhilfe gilt:

$$\lim_{t \to \infty} \frac{x^r}{e^x} = 0$$

Diese Formel wird verwendet:

$$\lim_{t \to \infty} f_k(t) = \lim_{t \to \infty} k \cdot t \cdot e^{-0,2t} = k \cdot \lim_{t \to \infty} \frac{t}{e^{0,2t}} = 0$$ 1

Direkt nach der Einnahme und nach längerer Zeit ist die Wirkstoffkonzentration im Blut null. 0,5

b) 3 Minuten,

$f_k(t) = k \cdot t \cdot e^{-0,2t}$

Die Ableitung erfolgt mit der Produktregel; k ist ein konstanter Faktor.

$\dot{f}_k(t) = k \cdot [1 \cdot e^{-0,2t} + t \cdot e^{-0,2t} \cdot (-0,2)]$ Produktregel 1,5

$= k \cdot [e^{-0,2t} - 0,2t\, e^{-0,2t}]$ 0,5

$= k \cdot e^{-0,2t}(1 - 0,2t) = g_k(t)$ $e^{-0,2t}$ ausklammern

c) 10 Minuten, /

$\dot{f}_k(t) = k \cdot e^{-0,2t}(1 - 0,2t)$

Die Nullstellen von $\dot{f}_k(t)$ liefern die Werte für t, an denen sich ein Extremum befinden kann:

$$\dot{f}_k(t) = 0$$ 0,5

$$\underbrace{k \cdot e^{-0,2t}}_{>0}(1 - 0,2t) = 0$$ 0,5

k > 0 und e-Funktion nimmt nur positive Werte an.

$$1 - 0,2t = 0$$
$$1 = 0,2t$$
$$5 = t$$ 1

Da der Faktor $k \cdot e^{-0,2t}$ immer positiv ist, wird das Monotonieverhalten durch den Faktor $(1 - 0,2t)$ bestimmt. Dieser wechselt das Vorzeichen von + nach –: 0,5

$\Rightarrow$ $t < 5$: $\dot{f}_k(t) > 0 \Rightarrow G_f$ steigt
$t > 5$: $\dot{f}_k(t) < 0 \Rightarrow G_f$ fällt 0,5

$\Rightarrow$ Maximum bei $t = 5$ 0,5

$$f(5) = k \cdot 5 \cdot e^{-1} = \frac{5k}{e} \Rightarrow \text{Max}\left(5 \,\middle|\, \tfrac{5k}{e}\right)$$ 0,5

Der Zeitpunkt, an dem die Konzentration maximal ist, liegt bei $t = 5$, ist also unabhängig vom Parameter k. Jedoch hängt die maximale Konzentration vom Parameter k ab. Sie ist direkt proportional zu k. 1 1

d) 3 Minuten,
In Aufgabe c wurde das Maximum errechnet. Die maximale Konzentration beträgt $\frac{5k}{e}$.

$$\frac{5k}{e} = 11 \quad |\cdot e \quad |:5$$ 1
$$k = \frac{11e}{5}$$
$$k \approx 5,98$$ 1

$$\Rightarrow f_{5,98}(t) = 5,98 \cdot t \cdot e^{-0,2t}$$

e) 9 Minuten,
Der Wirkstoff wird am stärksten abgebaut, wenn die Abbaurate, die durch die Funktion g beschrieben wird, ein Extremum hat. 1
Zur Bestimmung der Extremalstelle setzt man in g_k den Parameterwert $k = 6$ ein und bestimmt die Ableitungsfunktion. 1

$$g(t) = 6e^{-0,2t}(1 - 0,2t)$$

Ableiten nach der Produktregel:

$\dot{g}(t) = 6 \cdot [e^{-0,2t}(-0,2) \cdot (1-0,2t)$ — 1

$+ e^{-0,2t} \cdot (-0,2)]$ — Produktregel — 1

$= 6 \cdot [-0,2e^{-0,2t}(1-0,2t) - 0,2e^{-0,2t} \cdot 1]$

$= 6 \cdot (-0,2e^{-0,2t}) \cdot [1-0,2t+1]$ — $-0,2e^{-0,2t}$ ausklammern — 1

$= -1,2e^{-0,2t}(2-0,2t)$ — 1

$\dot{g}(t) = 0 \quad \Leftrightarrow \quad t = 10$ — 1

$\dot{g}(t)$ wechselt bei $t = 10$ das Vorzeichen, ist dort also extremal.
10 Stunden nach Einnahme wird der Wirkstoff am stärksten abgebaut. — 1

f) 6 Minuten, /

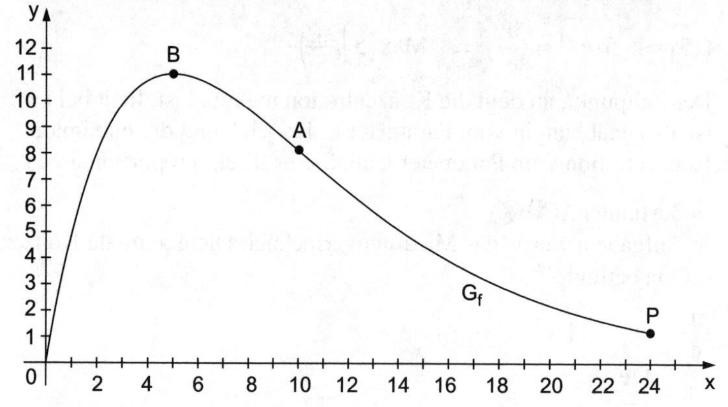

- O(0 | 0) liegt auf dem Graphen. — 0,5
- Maximum B(5 | 11) einzeichnen — 0,5
- Punkt A(10 | f(10) ≈ 8,12) einzeichnen (Wendepunkt) — 0,5
- Randpunkt P(24 | f(24) ≈ 1,19) einzeichnen — 0,5
- glatter Verlauf des Graphen — 1

Klausuren zum Themenbereich 3

- Flächeninhalt und bestimmtes Integral
- Weitere Eigenschaften von Funktionen und deren Graphen
- Binomialverteilung und ihre Anwendung in der beurteilenden Statistik

Klausur 11

BE

1 Berechnen Sie die Menge aller Stammfunktionen (das unbestimmte Integral). Dokumentieren Sie dabei Ihr Vorgehen ausführlich unter Angabe der verwendeten Regeln. Vereinfachen Sie die Ergebnisse.

a) $g\colon\ x \mapsto 5x \cdot e^{x^2+3} \qquad x \in \mathbb{R}$ — 3

b) $k\colon\ x \mapsto \ln(x^2)+7 \qquad x \in \mathbb{R}^+$ — 5

2 Eine Supermarktkette führt eine neue Sorte Bodylotion ein, für die ganz besonders Werbung gemacht wird. In den ersten fünf Wochen ergeben sich folgende Verkaufszahlen:

Verkaufswoche x	1	2	3	4	5
verkaufte Stückzahl f(x)	26	45	62	75	86

Modellhaft werden die Verkaufszahlen durch eine Funktionenschar f der folgenden Form beschrieben:

$$f\colon\ x \mapsto \frac{a \cdot x + 30}{c \cdot x + 30} \qquad \mathbb{D}_f = \mathbb{R}^+ \qquad a > 0 \qquad c > 0$$

a) Eigentlich gilt im Sachzusammenhang $x \in \mathbb{N}$, dennoch ist es in der Infinitesimalrechnung sinnvoll, als Definitionsmenge $\mathbb{D}_f = \mathbb{R}^+$ zu wählen. Nehmen Sie dazu begründet Stellung. — 2

b) Berechnen Sie anhand der Verkaufszahlen für die erste und die fünfte Woche die Parameter a und c.

[Zwischenergebnis: $f(x) = \dfrac{854x + 30}{4x + 30}$] — 7

c) Zeigen Sie, dass der angegebene Funktionsterm auch die Verkaufszahlen der dazwischenliegenden Wochen gut wiedergibt. — 3

Auf der folgenden Abbildung ist der Graph der Funktion für das erste Verkaufsjahr abgebildet.

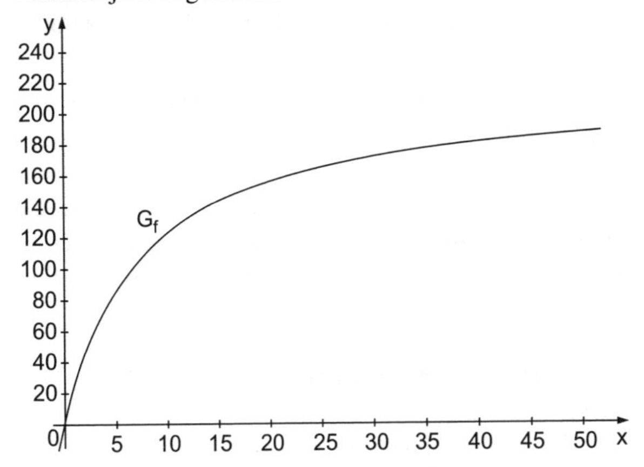

d) Wie entwickeln sich die Verkaufszahlen nach dem Modell langfristig? Wie entwickeln sich die Zahlen im ersten Verkaufsjahr? Um wie viel Prozent weichen die Verkaufszahlen nach einem Jahr noch von den langfristig erwarteten Werten ab? 7

e) Zeigen Sie, dass sich der Term der Funktion f folgendermaßen umschreiben lässt:

$$f(x) = 213{,}5 - \frac{6\,375}{4x + 30}$$ 2

f) Zeichnen Sie im Graphen ein, wodurch die Anzahl der innerhalb des ersten Jahres verkauften Bodylotions wiedergegeben wird. Berechnen Sie dann, wie viele Bodylotions im ersten Jahr verkauft wurden. 11

Hinweise und Tipps

1
- Verwenden Sie bei Aufgabe a die Regel für $\int f'(x) \cdot e^{f(x)} dx$ aus der Merkhilfe.
- Schreiben Sie bei Aufgabe b zunächst den Term um, sodass Sie die Regel für $\int \ln x \, dx$ aus der Merkhilfe anwenden können.

2
- Überlegen Sie bei Aufgabe a, welche Voraussetzungen eine Funktion mindestens erfüllen muss, damit Differenzieren und Integrieren möglich ist.
- Stellen Sie für Aufgabe b zwei Bedingungen auf und lösen Sie das lineare Gleichungssystem.
- Berechnen Sie für Aufgabe c die entsprechenden Wertepaare.
- Langfristige Entwicklung bedeutet Verhalten für $x \to \infty$, Verkaufszahlen nach einem Jahr bedeutet $x = 52$.
- Führen Sie für Aufgabe e eine Polynomdivision durch.
- Die aufsummierte Anzahl der verkauften Lotions ergibt sich als Fläche unter dem Graphen. Dies entspricht rechnerisch einem bestimmten Integral.

Vertiefende Hinweise zum Lösen der Aufgaben finden Sie in
Abitur-Training Analysis (Buch-Nr.: 9400218)

1.4 Gebrochenrationale Funktionen
3.1 Grenzwerte vom Typ $x \to \pm\infty$
4.1 Differenzierbarkeit
5.1 Steigungsverhalten
7.1 Stammfunktionen
7.2 Das bestimmte Integral
9.1 Erste elementare Integrationsregel
9.3 Dritte elementare Integrationsregel

Lösung

BE

1 Bei beiden Integrationen werden die Formeln der Merkhilfe benötigt.

a) 5 Minuten,

$\int 5x \cdot e^{x^2+3}\,dx = ?$

Es wird die Regel $\int f'(x)e^{f(x)}\,dx = e^{f(x)} + C$ verwendet. 0,5

$f(x) = x^2 + 3 \;\Rightarrow\; f'(x) = 2x$ 0,5

$\int 5xe^{x^2+3}\,dx = 2{,}5 \cdot \int 2x \cdot e^{x^2+3}\,dx$ Eigenschaften des Integrals 1

$= 2{,}5 \cdot e^{x^2+3} + C$ Formel aus der Merkhilfe 1

b) 7 Minuten,

$\int (\ln(x^2) + 7)\,dx = ?$

Es wird die Formel $\int \ln x\,dx = -x + x\ln x + C$ verwendet. 1

Dazu wird der Term umgeschrieben, was wegen $x \in \mathbb{R}^+$ ohne weitere Überlegung möglich ist: 1

$\int (\ln(x^2) + 7)\,dx = \int (2\ln x + 7)\,dx$ 1

$= 2\int \ln x\,dx + 7\int 1\,dx$ Eigenschaften des Integrals

$= 2 \cdot (-x + x\ln x) + 7x + C$ Formel aus der Merkhilfe 1

$= -2x + 2x\ln x + 7x + C$

$= 2x\ln x + 5x + C$ 1

2 a) 3 Minuten,

x gibt die jeweilige Woche an, d. h. $x \in \{1; 2; 3; \ldots\} = \mathbb{N}$ 0,5

In der Infinitesimalrechnung wird differenziert und integriert. Dazu ist es mindestens nötig, dass sich der Funktionsgraph im Definitionsbereich ohne Absetzen des Stifts durchzeichnen lässt. Dies ist nur möglich, wenn die Funktion auf einem Teilintervall von $\mathbb{R}$ definiert ist. 1 0,5

b) 10 Minuten,

$f(x)=\frac{a\cdot x+30}{c\cdot x+30}$

1. Woche: $f(1)=26$ 0,5

5. Woche: $f(5)=86$ 0,5

(1) $\frac{a+30}{c+30}=26$ 0,5

(2) $\frac{5a+30}{5c+30}=86$ 0,5

Beide Gleichungen werden vereinfacht und nach a aufgelöst:

(1) $a+30=26(c+30)$ 0,5

$a+30=26c+780 \quad |-30$ 0,5

$a=26c+750 \quad (*)$ 0,5

(2) $\frac{5(a+6)}{5(c+6)}=86$ Ausklammern und kürzen 0,5

$a+6=86(c+6)$ 0,5

$a+6=86c+516 \quad |-6$ 0,5

$a=86c+510 \quad (**)$ 0,5

(*) und (**) gleichsetzen:

$26c+750=86c+510 \quad |-510 \quad |-26c$ 0,5

$240=60c \quad |:60$

$4=c$ 0,5

in (*): $a=26\cdot 4+750$

$a=854$ 0,5

Alternativ kann man auch mit Einsetz- oder Additionsverfahren arbeiten.

c) 5 Minuten,

$f(x)=\frac{854x+30}{4x+30}$

$f(2)=\frac{854\cdot 2+30}{4\cdot 2+30}\approx 45,7$

$\Rightarrow$ Geringe Abweichung zum tatsächlichen Wert 45. 1

$f(3)\approx 61,7\approx 62$ Passt! 1

$f(4)\approx 74,9\approx 75$ Passt! 1

d) 🕓 9 Minuten,

Langfristige Entwicklung:

Langfristige Entwicklung der Verkaufszahlen bedeutet, dass die Wochenzahl gegen unendlich geht:

$$\lim_{x \to \infty} f(x) = \lim_{x \to \infty} \frac{854x + 30}{4x + 30} = \frac{854}{4} = 213{,}5 \quad \text{(Zählergrad = Nennergrad)}$$ 1

Langfristig werden ca. 214 Bodylotions pro Woche verkauft. 1

Entwicklung im ersten Jahr:

Zuerst steigt die Kurve sehr steil, d. h., die Verkaufszahlen nehmen stark zu. Danach steigen die Verkaufszahlen weiterhin, aber der Zuwachs wird immer geringer. 0,5 0,5

Verkaufszahlen nach einem Jahr:

$$f(52) = \frac{854 \cdot 52 + 30}{4 \cdot 52 + 30} \approx 186{,}7 \approx 187$$ 1

Abweichung vom langfristigen Wert in Prozent:

$$\frac{213{,}5 - 186{,}7}{213{,}5} \cdot 100\ \% \approx 12{,}6\ \%$$ 3

e) 🕓 4 Minuten,

Der Funktionsterm von f wird mittels Polynomdivision umgeformt:

$$\begin{array}{l} (854x + 30) : (4x + 30) = 213{,}5 - \dfrac{6\,375}{4x + 30} \\ \underline{-(854x + 6\,405)} \\ \quad -6\,375 \end{array}$$ 2

f) 17 Minuten,

Es ist die Fläche im Bereich $x \in [0; 52]$ unter dem Graphen G_f der Funktion einzuzeichnen:

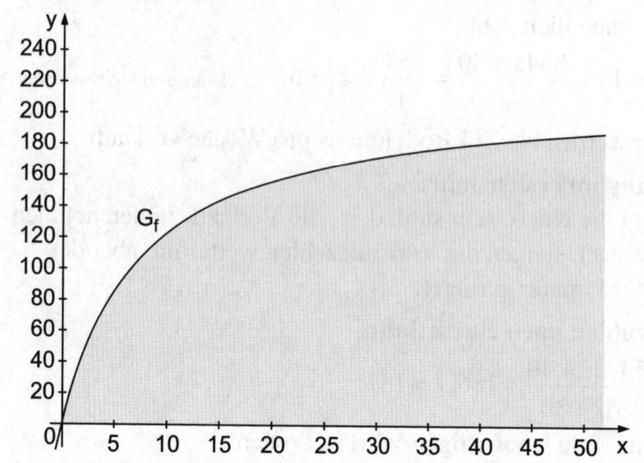

2

Zur Berechnung der Anzahl verkaufter Bodylotions (also des Inhalts der eingezeichneten Fläche) benötigt man eine Stammfunktion F(x) von f(x).

$$f(x) = 213{,}5 - \frac{6\,375}{4x+30}$$

$$= 213{,}5 - 1\,593{,}75 \cdot \frac{4}{4x+30}$$

Den Bruch umschreiben, sodass im Zähler die Ableitung des Nenners steht. 1

$$F(x) = \int 213{,}5\,dx - 1\,593{,}75 \int \frac{4}{4x+30}\,dx$$

$$= 213{,}5x - 1\,593{,}75 \ln|4x+30|$$

Formel aus der Merkhilfe 2

Anzahl der verkauften Bodylotions im ersten Jahr:

$$\int_0^{52} f(x)\,dx = F(52) - F(0)$$ 1

$$F(52) = 213{,}5 \cdot 52 - 1\,593{,}75 \ln|4 \cdot 52 + 30|$$

$$= 11\,102 - 1\,593{,}75 \cdot \ln 238 \approx 2\,380{,}6$$ 2

$$F(0) = -1\,593{,}75 \ln 30 \approx -5\,420{,}7$$ 1

$$\Rightarrow \int_0^{52} f(x)\,dx = 2\,380{,}6 - (-5\,420{,}7)$$

$$\approx 7\,801$$ 2

Im ersten Jahr wurden 7 801 Bodylotions verkauft.

Klausur 12

BE

1 Gegeben sind die beiden Funktionen
$f\colon x \mapsto -0{,}5x^3 + 2x \quad g\colon x \mapsto -0{,}5x^2 + x \quad \mathbb{D}_f = \mathbb{D}_g = \mathbb{R}$
sowie deren Graphen in folgender Abbildung.

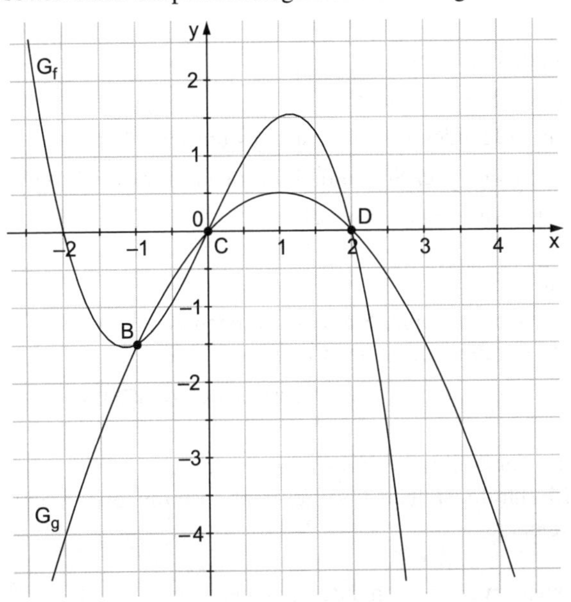

a) Berechnen Sie die Fläche zwischen den beiden Funktionsgraphen. Dokumentieren Sie dabei Ihr Vorgehen. — 12

b) Geben Sie mit anschaulicher Begründung an, welchen Wert folgendes bestimmtes Integral hat: — 4

$$\int_{-2}^{2} f(x)\,dx$$

2 Gegeben ist die Funktion

$$F: x \mapsto \int_a^x (2t-4)\,dt.$$

Bestimmen Sie alle Werte von $a \in \mathbb{R}$, sodass der Punkt $A(-2\,|\,12)$ auf dem Graphen von F liegt. 5

3 Gegeben ist die folgende Funktion

$h: x \mapsto (2x+3)^2 + (2x+3) + 1 \qquad x \in \mathbb{R}$

Dokumentieren Sie im Folgenden Ihr Vorgehen ausführlich.

a) Berechnen Sie die Menge aller Stammfunktionen auf direktem Weg. 4

b) Bestimmen Sie unter Nutzung der Formel

$$\int f(ax+b)\,dx = \frac{1}{a} F(ax+b) + C$$

aus der Merkhilfe die Menge aller Stammfunktionen von h. Die Vereinfachung des Ergebnisses ist nicht verlangt. 4

c) Wie würden Sie vorgehen, um zu prüfen, dass beide Wege dasselbe Ergebnis liefern? 1

d) Nehmen Sie begründet Stellung zu folgender Aussage:
Die Formel der Merkhilfe ist überflüssig, es geht doch immer auf dem direkten Weg schneller. 2

4 Bei einer Kurvendiskussion ergibt sich durch Berechnung:

(1) $f'(x_0) = 0$ und (2) $f''(x_0) = 0$

Skylar und Ryker stellen sich die Frage, was dies bedeutet.
Skylar behauptet: Dies bedeutet, dass bei x_0 kein Terrassenpunkt, sondern ein Extremwert vorliegt.
Ryker hingegen meint: Das ist genau umgekehrt, es kann nur ein Terrassenpunkt und kein Extremwert sein.
Nehmen Sie hierzu Stellung. Erklären Sie, was die beiden Gleichungen bedeuten. Antworten Sie unter Verwendung der Fachsprache. Verdeutlichen Sie an aussagekräftigen Beispielen mit Skizze. 8

Hinweise und Tipps

1
- Bilden Sie die Differenzfunktion der beiden Funktionen.
- Lesen Sie aus der Abbildung die Schnittstellen ab und integrieren Sie von Schnittstelle zu Schnittstelle.
- Addieren Sie anschließend die Beträge der beiden Integrale.
- Beachten Sie für Aufgabe b die Symmetrie und interpretieren Sie das Integral als Flächenbilanz (Vorzeichen beachten!).

2
- Bestimmen Sie die Integralfunktion in integralfreier Form.
- Setzen Sie den Punkt A ein und berechnen Sie daraus a.

3
- Vereinfachen Sie zunächst den Term und integrieren Sie dann.
- Überlegen Sie für Aufgabe b, wie die einzelnen Elemente der angegebenen Formel im vorliegenden Fall lauten.

4
- Benutzen Sie die Kriterien aus der Merkhilfe.
- Machen Sie sich klar, was Extremum bzw. Terrassenpunkt anschaulich bedeutet, und überlegen Sie sich geeignete einfache Beispiele.

Vertiefende Hinweise zum Lösen der Aufgaben finden Sie in
Abitur-Training Analysis (Buch-Nr.: 9400218)
2.5 Symmetrie von Funktionsgraphen bezüglich des Koordinatensystems
5.2 Relative Extrema
5.3 Krümmungsverhalten und Wendestellen
7.1 Stammfunktionen
7.2 Das bestimmte Integral
7.3 Flächenberechnungen
8.1 Integralfunktionen als Stammfunktionen
9.2 Zweite elementare Integrationsregel

Lösung

1 a) 20 Minuten,

Fläche zwischen den beiden Graphen:

Es wird von Schnittstelle zu Schnittstelle über die Differenzfunktion $f(x) - g(x)$ integriert. 0,5

Die Beträge werden anschließend addiert. 0,5

Hinweis: Die Betragsbildung ist nicht nötig, wenn anhand der Zeichnung überlegt wird, welcher Graph „oben" liegt.

$$A_1 = \left| \int_{-1}^{0} (f(x) - g(x))\,dx \right|$$ 0,5

$$A_2 = \left| \int_{0}^{2} (f(x) - g(x))\,dx \right|$$ 0,5

$$A = A_1 + A_2$$

$$f(x) - g(x) = -0{,}5x^3 + 2x - (-0{,}5x^2 + x)$$
$$= -0{,}5x^3 + 0{,}5x^2 + x$$ 2

$$A_1 = \left| \int_{-1}^{0} (-0{,}5x^3 + 0{,}5x^2 + x)\,dx \right|$$

$$= \left| \left[-0{,}5\frac{x^4}{4} + \frac{0{,}5x^3}{3} + \frac{x^2}{2} \right]_{-1}^{0} \right|$$ Stammfunktion bilden 2

$$= \left| \Big[\underbrace{-\frac{1}{8}x^4 + \frac{1}{6}x^3 + \frac{1}{2}x^2}_{F(x)} \Big]_{-1}^{0} \right|$$ Vereinfachen 1

$$= |F(0) - F(-1)|$$

$$= \left| 0 - \left(-\frac{1}{8} - \frac{1}{6} + \frac{1}{2} \right) \right|$$

$$= \left| 0 - \frac{5}{24} \right| = \frac{5}{24}$$ 2

$$A_2 = \left| \int_0^2 (-0{,}5x^3 + 0{,}5x^2 + x)\,dx \right|$$

$$= \left| \left[-\frac{1}{8}x^4 + \frac{1}{6}x^3 + \frac{1}{2}x^2 \right]_0^2 \right|$$ 1

$$= |F(2) - F(0)|$$

$$= \left| \left(-2 + 1\frac{1}{3} + 2\right) - 0 \right|$$

$$= 1\frac{1}{3}$$ 1

$$A = \frac{5}{24} + 1\frac{1}{3} = 1\frac{13}{24}$$ 1

b) 5 Minuten, /

Die Funktion f ist punktsymmetrisch zum Ursprung, da nur ungerade Potenzen von x auftreten. Deshalb sind die Flächen, die der Graph von f links und rechts vom Ursprung mit der x-Achse einschließt, jeweils gleich groß, d. h. die entsprechenden Integrale sind betragsmäßig gleich groß: 1

$$\left| \int_{-2}^{0} f(x)\,dx \right| = \left| \int_{0}^{2} f(x)\,dx \right|$$ 1

Das Vorzeichen ist aber unterschiedlich, da eine Fläche unterhalb der x-Achse und eine oberhalb der x-Achse liegt, daher ist: 1

$$\int_{-2}^{2} f(x)\,dx = \int_{-2}^{0} f(x)\,dx + \int_{0}^{2} f(x)\,dx = 0$$ 1

2 8 Minuten,

Berechnung des Terms der Integralfunktion mit variabler unterer Grenze a:

$$F(x) = \int_a^x (2t - 4)\,dt$$

$$= [t^2 - 4t]_a^x$$ 1

$$= x^2 - 4x - (a^2 - 4a)$$ 1

Nun wird A(–2 | 12) eingesetzt:

$$F(-2) = 12$$

$$(-2)^2 - 4 \cdot (-2) - (a^2 - 4a) = 12 \qquad 1$$

$$4 + 8 - (a^2 - 4a) = 12$$

$$12 - (a^2 - 4a) = 12 \qquad \big| -12$$

$$a^2 - 4a = 0$$

$$a(a-4) = 0$$

$$a = 0 \text{ oder } a = 4 \qquad 2$$

3 a) 5 Minuten,

Berechnung auf direktem Weg:

h wird zuerst ausmultipliziert und vereinfacht: 0,5

$$h(x) = (2x+3)^2 + (2x+3) + 1$$

$$= 4x^2 + 12x + 9 + 2x + 3 + 1 \qquad 1$$

$$= 4x^2 + 14x + 13 \qquad 0{,}5$$

$$\int h(x)\,dx = 4 \cdot \frac{x^3}{3} + 14 \cdot \frac{x^2}{2} + 13x + C$$

$$= \frac{4}{3}x^3 + 7x^2 + 13x + C \qquad 2$$

b) 5 Minuten, /

Berechnung mithilfe der Formel aus der Merkhilfe:

Es gilt $h(x) = f(ax+b) = f(z)$ mit:

$a = 2 \quad b = 3 \quad z = ax + b$ 1

$f(z) = z^2 + z + 1 \;\Rightarrow\; F(z) = \frac{1}{3}z^3 + \frac{1}{2}z^2 + z + C$ 1

Anwenden der Formel ergibt:

$$\int h(x)\,dx = \frac{1}{2}\left[\frac{1}{3}(2x+3)^3 + \frac{1}{2}(2x+3)^2 + (2x+3)\right] + C \qquad 2$$

c) 2 Minuten, /

Das Ergebnis von Aufgabe b müsste ausmultipliziert werden, um es mit dem Ergebnis von Aufgabe a zu vergleichen. 1

d) 5 Minuten,

Diese Aussage ist im Allgemeinen nicht richtig. 0,5

Es gibt Funktionsterme, die sich vorher nicht vereinfachen lassen, 0,5

die man aber mithilfe der Formel dennoch integrieren kann, z. B. 0,5

$h(x) = e^{2x+3}$ 0,5

mit $a = 2 \quad b = 3 \quad z = 2x + 3$

und $f(z) = e^z \Rightarrow F(z) = e^z + C$

Hinweis: Das Beispiel ist nicht verlangt.

4 10 Minuten, /

$f'(x_0) = 0 \wedge f''(x_0) = 0$

Dies kann an der Stelle x_0 sowohl einen Terrassenpunkt als auch einen Extremwert bedeuten. 1

(1) $f'(x_0) = 0$ bedeutet, dass G_f in x_0 eine waagrechte Tangente, also Steigung 0 hat. 0,5

(2) $f''(x_0) = 0$ bedeutet, dass G_f an der Stelle x_0 weder links- noch rechtsgekrümmt ist („die Krümmung ist gleich null“). 0,5

Nur wenn $f''(x)$ zusätzlich das Vorzeichen in x_0 wechselt, d. h. G_f die Krümmung ändert, liegt ein Wendepunkt mit waagrechter Tangente vor, also ein Terrassenpunkt. 1

Dies gilt z. B. für: $f(x) = (x-1)^3 \quad x_0 = 1$

$f'(x) = 3(x-1)^2$ 2

$f''(x) = 6(x-1)$ VZW von f"

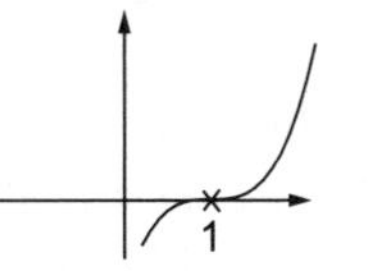

Wenn $f''(x_0)$ das Vorzeichen in x_0 nicht wechselt, ändert sich die Krümmung nicht, es liegt kein Wendepunkt vor, also auch kein Terrassenpunkt. In diesem Fall hat G_f bei x_0 ein (flaches) Extremum. 1

z. B.: $g(x) = (x-1)^4 \quad x_0 = 1$

$g'(x) = 4(x-1)^3$ 2

$g''(x) = 12(x-1)^2$ kein VZW von g"

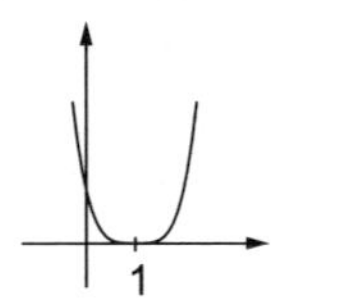

Weder Skylar noch Ryker haben also recht.

Klausur 13

BE

1 Gegeben ist das Schaubild der Ableitung f' einer ganzrationalen Funktion f.

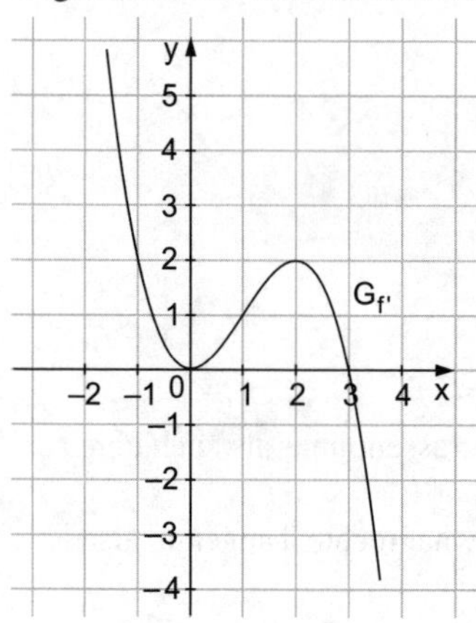

a) Welche Aussagen über die Funktion f ergeben sich bezüglich Monotonie, Extremstellen, Wendepunkte? Begründen Sie Ihre Aussagen. 5

b) Der Grad von f' sei drei. Zeigen Sie, dass gilt: 3

$$f'(x) = -\frac{1}{2}x^3 + \frac{3}{2}x^2$$

c) Bestimmen Sie den Term für f, für den gilt: $f(0) = 2$ 3

d) Zeichnen Sie den Graphen der in Aufgabe c ermittelten Funktion f unter Einbeziehung bisheriger Ergebnisse. 4

2 Die Seitenflächen eines Laplace-Tetraeders tragen die Farben Gelb, Rot und zweimal Schwarz.
Berechnen Sie, wie oft das Tetraeder mindestens geworfen werden muss, damit mit einer Wahrscheinlichkeit von mindestens 98 % mindestens einmal Rot vorkommt. 8

3 Die Insel Malta wird für die Urlaubssaison in den Monaten Mai mit September im Internet wegen der vielen Sonnenstunden (im Schnitt knapp 10 Stunden pro Tag) und der geringen Anzahl von Regentagen (kleiner als 5 %) angepriesen. Christa aus Deutschland, die ein Pausensemester eingelegt hat, verbringt knapp vier Monate (120 Tage) auf Malta, um dort unter guten klimatischen Bedingungen zu jobben und auch die Insel zu genießen.

a) Bestimmen Sie, wie viele Regentage Christa im Mittel zu erwarten hat. Wie groß ist die Wahrscheinlichkeit in Prozent, dass genau so viele Regentage wie erwartet auftreten? Berechnen Sie die Standardabweichung der Regentage vom Erwartungswert. 6

b) Wie könnte das Histogramm für die nach B(120; 0,05) verteilten Regentage aussehen? Kommunizieren Sie zuerst Ihre Überlegungen und machen Sie damit Ihre Entscheidung plausibel. 6

c) Christa organisiert die Termine für Wellness-Behandlungen in einem Fünf-Sterne-Wellnesshotel. Die Gäste des Hotels nehmen innerhalb eines zweiwöchigen Urlaubs 10 Tage an einem Wellness-Programm teil. Jeder Gast erhält normalerweise innerhalb dieser 10 Tage insgesamt 30 verschiedene Behandlungen inklusive. Erfahrungsgemäß kommen 5 % der Termine durch das Hotel verschuldet – unabhängig voneinander – nicht zustande. Geschieht dies bei einem Gast mehr als 3-mal, so erhält dieser einen Gutschein für eine Schiffsrundfahrt auf dem Luxusdampfer „Franzl" rund um die Insel Malta; das Schiff gehört dem Besitzer des Hotels.
Berechnen Sie die Wahrscheinlichkeit dafür, dass Christa diesen Gutschein ausstellen muss. 5

Hinweise und Tipps

1
- Überlegen Sie bei Aufgabe a mithilfe der Kriterien aus der Merkhilfe:
  – Was bedeutet es für G_f, wenn $f'(x) > 0$, $f'(x) < 0$, $f'(x) = 0$?
  – Was bedeuten Extremwerte von f' für den Graphen von f?
- Lesen Sie für Aufgabe b die Nullstellen mit Vielfachheit aus $G_{f'}$ ab.
- Bestimmen Sie bei Aufgabe c eine geeignete Stammfunktion f zu f'.

2
- Es liegt eine Bernoulli-Kette vor.
- Typische 3-mal-Mindestens-Aufgabe: Gehen Sie zum Gegenereignis über und logarithmieren Sie die entstehende Ungleichung.
- Beachten Sie, wann sich das Ungleichheitszeichen umdreht.

3
- Bestimmen Sie für Aufgabe a den Erwartungswert nach Definition (Binomialverteilung).
- Die Wahrscheinlichkeit für Aufgabe a müssen Sie ohne Tafelwerk berechnen (Binomialverteilung mit $n = 120$). Verwenden Sie den Taschenrechner (Taste für Binomialkoeffizient) oder formen Sie geschickt um.
- Vergleichen Sie für Aufgabe b den vorliegenden Fall im Kopf mit bekannten Binomialverteilungen und deren Histogrammen.
- Begründen Sie Ihre Darstellung gut in Worten.
- Bei Aufgabe c liegt eine Bernoulli-Kette vor, hier können Sie das Tafelwerk verwenden ($n = 30$, $p = 0{,}05$).

Vertiefende Hinweise zum Lösen der Aufgaben finden Sie in
Abitur-Training Analysis (Buch-Nr.: 9400218)
1.3 Ganzrationale Funktionen
5.1 Steigungsverhalten
5.2 Relative Extrema
5.3 Krümmungsverhalten und Wendestellen
7.1 Stammfunktionen
Abitur-Training Stochastik (Buch-Nr.: 940091)
Kapitel „Die Binomialverteilung"

Lösung

1 a) 8 Minuten,

Monotonie:

$x < 3$: $f'(x) \geq 0 \Rightarrow G_f$ monoton steigend
$x > 3$: $f'(x) < 0 \Rightarrow G_f$ monoton fallend — 1

$\Rightarrow$ Bei $x = 3$ befindet sich ein lokales Maximum, da f' das Vorzeichen von + nach – wechselt. — 1

Krümmung und Wendestellen:

An den Stellen $x = 0$ und $x = 2$ hat f' lokale Extremwerte, d. h., f'' ist an diesen Stellen gleich null und wechselt jeweils das Vorzeichen. — 1

$\Rightarrow$ Der Graph von f hat bei $x = 0$ und $x = 2$ jeweils einen Wendepunkt. — 1

Besonderheiten: Der G_f verläuft durch den Wendepunkt bei $x = 0$ mit waagrechter Steigung, da $f'(0) = 0$. (Es ist also ein Terrassenpunkt.) — 1

b) 5 Minuten, /

grad $f' = 3$

f' hat doppelte Nullstelle bei $x = 0$. — 0,5

f' hat einfache Nullstelle bei $x = 3$. — 0,5

$\Rightarrow f'(x) = ax^2(x-3)$ — 0,5

$P(1|1) \in G_{f'}$: $1 = a \cdot 1 \cdot (1-3) \Rightarrow a = -\frac{1}{2}$ — 0,5

$\Rightarrow f'(x) = -\frac{1}{2}x^2(x-3) = -\frac{1}{2}x^3 + \frac{3}{2}x^2$ — 1

c) 5 Minuten, /

Der Term der Funktion f entsteht durch Integration der Funktion f'.

$$\Rightarrow f(x) = -\frac{1}{2} \cdot \frac{x^4}{4} + \frac{3}{2} \cdot \frac{x^3}{3} + C$$ Stammfunktion bilden

$$= -\frac{1}{8}x^4 + \frac{1}{2}x^3 + C$$ — 2

$f(0) = 2 \Rightarrow C = 2$ — Bedingung $f(0) = 2$ — 0,5

$$f(x) = -\frac{1}{8}x^4 + \frac{1}{2}x^3 + 2$$ — 0,5

d) 5 Minuten,

$Max(3 \mid f(3)) \quad f(3) \approx 5{,}4 \quad \Rightarrow \quad Max(3 \mid 5{,}4)$ — 0,5

$WP_1(0 \mid 2)$ (als Terrassenpunkt)

$WP_2(2 \mid f(2)) \quad f(2) = 4 \quad \Rightarrow \quad WP_2(2 \mid 4)$ — 0,5

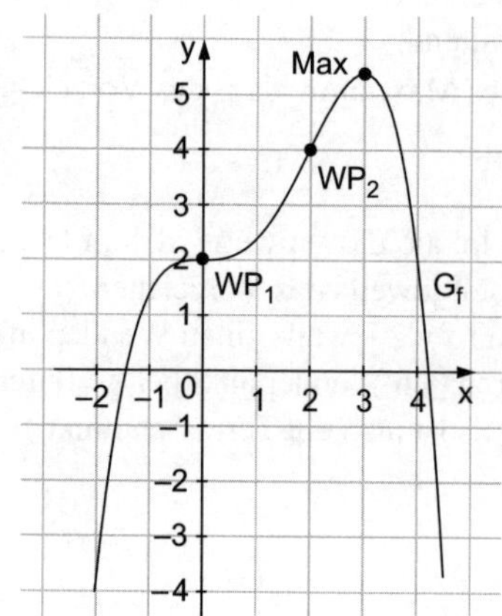

3

2 10 Minuten,

Bernoulli-Kette der unbekannten Länge n; $p = \frac{1}{4} = 0{,}25$

X = Anzahl der roten Würfe

$P(X \geq 1)\Big|_{0,25}^{n} \geq 0{,}98$		2
$1 - P(X = 0)\Big|_{0,25}^{n} \geq 0{,}98$	Gegenereignis	1
$P(X = 0)\Big|_{0,25}^{n} \leq 0{,}02$	Umformen	1
$\underbrace{\binom{n}{0} \cdot 0{,}25^0}_{=1} \cdot 0{,}75^n \leq 0{,}02$	Bernoulli-Formel	1
$\ln 0{,}75^n \leq \ln 0{,}02$	Logarithmieren	0,5
$n \cdot \ln 0{,}75 \leq \ln 0{,}02 \quad \big|: \ln 0{,}75$		0,5
$n \geq \frac{\ln 0{,}02}{\ln 0{,}75}$	Ungleichheitszeichen dreht sich um, da $\ln 0{,}75 < 0$.	0,5
$n \geq 13{,}60$	Aufrunden	0,5

Man muss das Tetraeder mindestens 14-mal werfen. — 1

3 a) 🕓 9 Minuten, 🌰🌰 / 🌰🌰🌰

X = Anzahl der Regentage 0,5

Erwartungswert:

$E(X) = n \cdot p \qquad n = 120 \qquad p = 0{,}05$ 0,5

$E(X) = 120 \cdot 0{,}05 = 6$ 0,5

Es sind in den knapp vier Monaten 6 Regentage zu erwarten. 0,5

Wahrscheinlichkeit:

$P(X=6)\Big|_{0,05}^{120} = \binom{120}{6} \cdot 0{,}05^6 \cdot 0{,}95^{114}$ Bernoulli ohne Tafelwerk 1

$= \frac{120!}{6! \cdot 114!} \cdot 0{,}05^6 \cdot 0{,}95^{114}$

$= \frac{120 \cdot 119 \cdot 118 \cdot 117 \cdot 116 \cdot 115 \cdot \cancel{114!}}{6! \cdot \cancel{114!}} \cdot 0{,}05^6 \cdot 0{,}95^{114}$

$\approx 0{,}1648 \approx 16{,}5\ \%$ 2

Hinweis: 120! kann ein normaler Taschenrechner nicht errechnen, daher entweder aufspalten (siehe oben) oder die Taste für den Binomialkoeffizienten $\binom{n}{k}$ am verwendeten Rechner kennen (z. B. nCr-Taste bei einigen Rechnern).

Standardabweichung:

$\sigma = \sqrt{np(1-p)}$

$= \sqrt{6 \cdot 0{,}95} \approx 2{,}4$ 1

b) 🕓 9 Minuten, 🌰🌰 / 🌰🌰🌰

Die Wahrscheinlichkeit für einen Regentag ist sehr gering, daher liegt auch der Erwartungswert weit weg von $n = 120$. Die höchste Säule des Histogramms liegt in der Nähe des Erwartungswertes $\mu = 6$. 1 1

Das Histogramm enthält also viele Rechtecke, die nahezu Höhe null haben; z. B.: 1

$P(X=10)\Big|_{0,05}^{120} = \binom{120}{10} \cdot 0{,}05^{10} \cdot 0{,}95^{110} \approx 4{,}0\ \%$ Taschenrechnertaste verwenden für den Binomialkoeffizienten

$P(X=0) = 0{,}95^{120} \approx 0{,}2\ \%$ 1

Das Histogramm muss nicht symmetrisch sein.

Mögliches Histogramm:

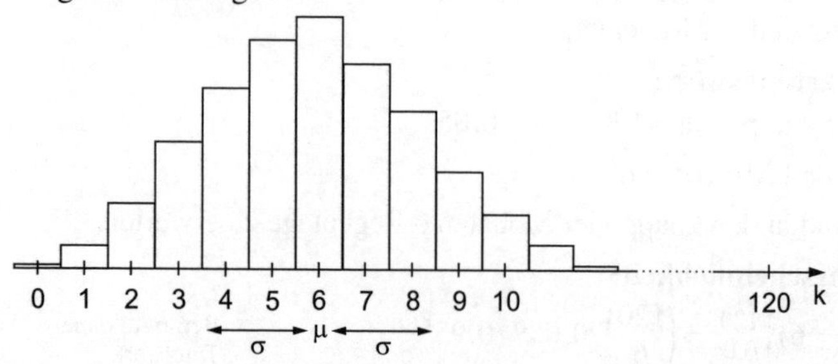

2

c) 9 Minuten,
Da die Terminausfälle unabhängig auftreten, handelt es sich um ein Bernoulli-Experiment.
Die Länge ist $n = 30$, die Ausfallwahrscheinlichkeit $p = 0{,}05$.
X = Anzahl der nicht zustande gekommenen Termine

$P(X > 3)\Big|_{0,05}^{30}$ 2

$= 1 - P(X \leq 3)\Big|_{0,05}^{30}$ Gegenereignis 1

$= 1 - 0{,}93923$ Tafelwerk 1

$\approx 6{,}1\,\%$

Christa muss mit 6,1 % Wahrscheinlichkeit einen Gutschein für eine Schiffsrundfahrt ausstellen. 1

Klausur 14

BE

1 Gegeben sind die Schaubilder der Funktion $f\colon x \mapsto 0{,}5x^2 \cdot e^{0{,}5x}$, von Stammfunktionen bzw. einer Integralfunktion F zu f sowie der Ableitungsfunktion f' von f. Außerdem ist die Funktion $s\colon x \mapsto \frac{1}{f(x)}$ unter den folgenden Graphen. Jedes Bild lässt sich zuordnen.

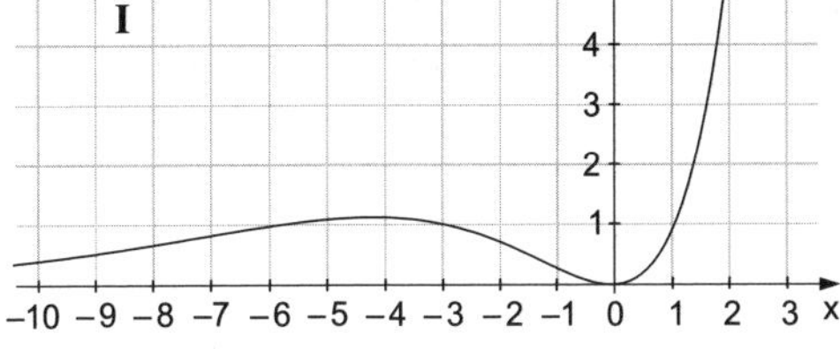

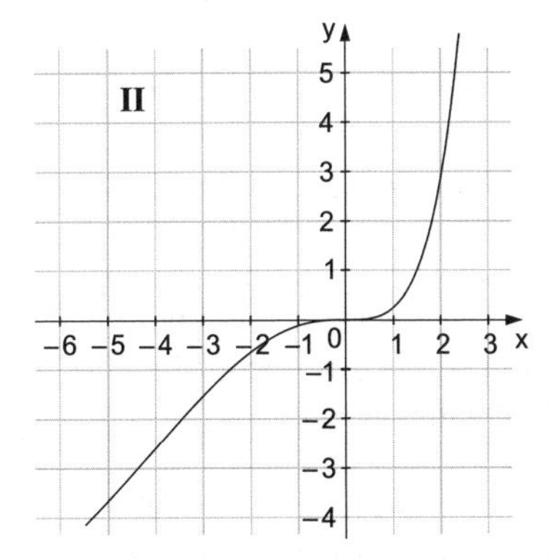

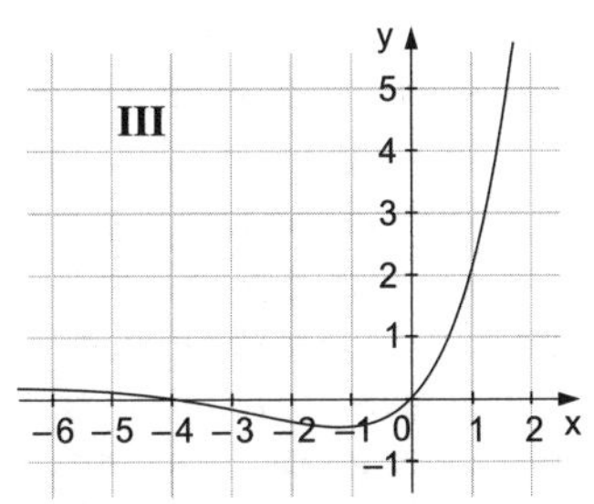

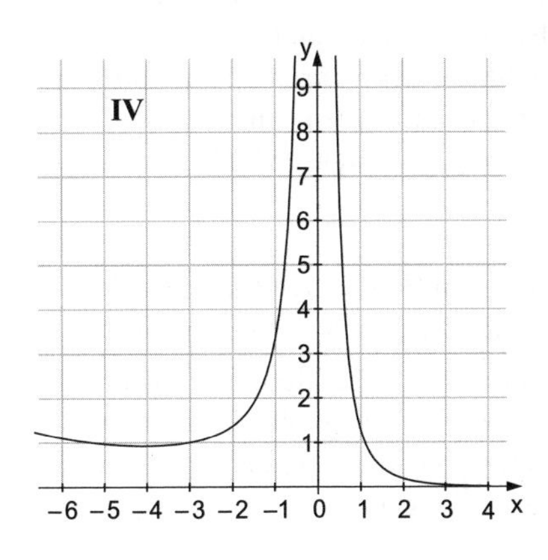

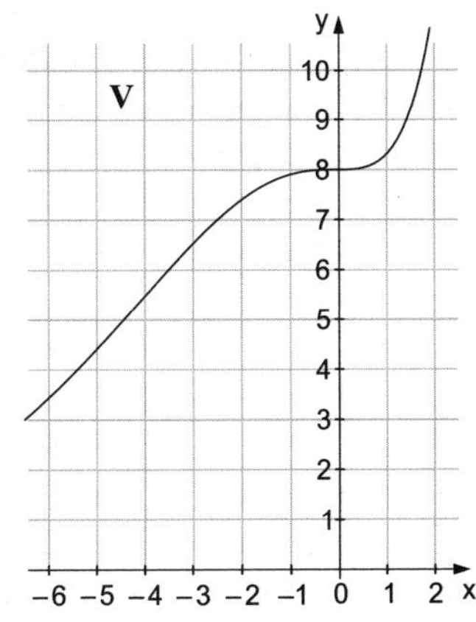

a) Begründen Sie genau, dass nur Graph I das Schaubild der Funktion f sein kann. 2

b) Ordnen Sie die übrigen Bilder den Funktionen zu. Begründen Sie jeweils ordentlich und gründlich. Entscheiden Sie insbesondere in Bezug auf Integral- bzw. Stammfunktion. Sollte es eine Integralfunktion geben, so schreiben Sie diese mit geeigneter unterer Grenze auf. 11

2 In der 11. Jahrgangsstufe schreibt dieselbe Gruppe von 20 Schülerinnen und Schülern im November ihre erste Klausur in Mathematik und Deutsch. Als Nikolausüberraschung präsentieren ihre Lehrer die Ergebnisse in Noten.

a) Mathematik (M):

Note	1	2	3	4	5	6
Anzahl	2	5	5	3	0	5

Berechnen Sie den Erwartungswert E(M) und die Standardabweichung σ(M). Dokumentieren Sie Ihren Gedanken- und Rechengang unter Verwendung der Fachsprache. 9

b) Über die Deutschklausur des Lehrers Hertl ist zu den Schülern bereits durchgesickert, dass durch die hochqualifizierte Vorbereitung nur die Noten 2, 3, 4, 5 vorkommen. Die Verteilung sei so optimal, dass bei fast gleichem Erwartungswert $E(D) \approx 3{,}5$ die Standardabweichung σ(D) aber kleiner als σ(M) sei. Kann dies stimmen? Konstruieren Sie eine mögliche Notenverteilung. Kurze Begründung genügt. 4

3 Ein Nahrungsergänzungsmittel wird im Internet angepriesen. Angeblich steigert es in 90 % aller Fälle innerhalb von zwei Wochen die Vitalität. Bei 100 Testpersonen zeigt das Medikament in 84 Fällen die erwünschte Wirkung. Berechnen Sie, ob die Behauptung der Firma, $H_0: p_0 \geq 90\ \%$, auf dem Signifikanzniveau von 5 % abgelehnt werden kann. Dokumentieren Sie dazu Ihren Gedankengang ausführlich. Gehen Sie auch auf die Entscheidungsregel ein. 8

4 a) Wie erkennen Sie an einem beschrifteten Baumdiagramm „auf einen Blick“, dass zwei Ereignisse A und B voneinander abhängig sind? 2

b) Vergleichen Sie die beiden Urnenmodelle (siehe Merkhilfe). Unter welcher Voraussetzung kann das Modell „Ziehen mit Zurücklegen“ approximativ für das andere Modell verwendet werden? Was ist der Vorteil des Modells „Ziehen mit Zurücklegen“? 4

Hinweise und Tipps

1
- Beachten Sie für Aufgabe a die Vielfachheit der Nullstelle.
- Gehen Sie bei Aufgabe b die Abbildungen der Reihe nach durch oder arbeiten Sie mit Ausschlussverfahren.
- Beachten Sie jeweils die Monotonie der abgebildeten Funktionen.
- Denken Sie an die Abgrenzung von Integralfunktion und Stammfunktion.
- Beziehen Sie außerdem die Definitionsmenge und das Verhalten an Definitionslücken unterschiedlicher Typen von Funktionen in Ihre Überlegungen mit ein.

2
- Erinnern Sie sich an die Bedeutung der Begriffe „Erwartungswert“, „Varianz“ und „Standardabweichung“ sowie deren mathematische Definition. Die Formeln finden Sie in der Merkhilfe.
- Wenn Sie den Erwartungswert ohne Formel angeben (Notendurchschnitt), müssen die mathematischen Fachbegriffe beim Errechnen der Varianz fallen.

3
- Rufen Sie sich die Vorgehensweise bei einem einseitigen Signifikanztest ins Gedächtnis.
- Dokumentieren Sie Ihr Vorgehen genau, damit Sie nicht den Überblick verlieren.

4 Zeichnen Sie sich ein beliebiges Baumdiagramm auf und überlegen Sie mithilfe der Pfadregeln, was sich jeweils im Fall unabhängiger bzw. abhängiger Ereignisse ergibt.

Vertiefende Hinweise zum Lösen der Aufgaben finden Sie in

Abitur-Training Analysis (Buch-Nr.: 9400218)
1.4 Gebrochenrationale Funktionen
5.1 Steigungsverhalten
5.2 Relative Extrema
5.3 Krümmungsverhalten und Wendestellen
7.1 Stammfunktionen
8.1 Integralfunktionen als Stammfunktionen

Abitur-Training Stochastik (Buch-Nr.: 940091)
Kapitel „Kombinatorische Hilfsmittel“, Abschnitt 2.3
Kapitel „Bedingte Wahrscheinlichkeit und stochastische Unabhängigkeit“, Abschnitte 2 und 3
Kapitel „Zufallsgrößen und ihre Wahrscheinlichkeitsverteilung“, Abschnitt 3
Kapitel „Die Binomialverteilung“, Abschnitte 1 und 2
Kapitel „Testen von Hypothesen“

Lösung

1 a) 3 Minuten,

Graph I:

$f(x) = 0{,}5x^2 \cdot e^{0{,}5x}$ hat die doppelte Nullstelle N(0 | 0), da: 1

$f(x) = 0 \iff \underbrace{0{,}5x^2}_{>0} \cdot \underbrace{e^{0{,}5x}}_{>0} = 0 \iff x_{1/2} = 0$ 0,5

Keine der anderen Abbildungen hat bei 0 eine doppelte Nullstelle. 0,5

$\Rightarrow$ Graph I $\hat{=}$ G_f

b) 15 Minuten,

Graph II:

Die abgebildete Funktion ist streng monoton wachsend und hat in x = 0 eine waagrechte Tangente. 1

Sie ist daher eine Stammfunktion F von f, d. h. F'(x) = f(x), denn 1

f(x) ≥ 0 mit f(0) = 0. 1

Da die Funktion F eine Nullstelle bei x = 0 hat, kann man sie als Integralfunktion mit unterer Grenze null schreiben: 0,5

$$F(x) = \int_0^x f(t)\,dt$$ 0,5

Graph III:

Variante 1: Nullstellen beachten

Für die abgebildete Funktion r gilt: r(−4) = 0 und r(0) = 0 1

An diesen Stellen hat der Graph von f lokale Extremwerte. Es muss sich also bei r um die Ableitung f' von f handeln, da sonst keine der Abbildungen dieses Verhalten aufweist. 1 1

Variante 2: f'(x) ausrechnen

$$f(x) = 0{,}5x^2 \cdot e^{0{,}5x}$$

$$f'(x) = 2 \cdot 0{,}5x \cdot e^{0{,}5x} + 0{,}5x^2 \cdot e^{0{,}5x} \cdot 0{,}5 \quad \text{Produktregel}$$

$$= x \cdot e^{0{,}5x} + 0{,}25x^2 \cdot e^{0{,}5x}$$

$$= x\underbrace{e^{0{,}5x}}_{\neq 0}(1 + 0{,}25x)$$

$$f'(x) = 0 \iff x = 0 \vee 1 + 0{,}25x = 0$$

$$x = -4$$

Dies erfüllt nur Graph III, daher zeigt dieser die Ableitung f' von f.

Graph IV:
$f(0)=0$, $N(0|0)$ ist doppelte Nullstelle von G_f $\Rightarrow$ G_s mit $s(x)=\frac{1}{f(x)}$
hat bei $x=0$ eine Polstelle ohne Vorzeichenwechsel. 1
Da keiner der anderen Graphen Polstellen aufweist, gehört diese
Abbildung zu $s(x)=\frac{1}{f(x)}$. 1

Graph V:
Die abgebildete Funktion ist eine Stammfunktion von f (Verlauf wie 1
Graph II), aber keine Integralfunktion, da sie im gezeichneten Bereich 1
keine Nullstelle aufweist.

2 a) 15 Minuten,
Es nahmen insgesamt 20 Schüler an der Mathematik-Klausur teil. 0,5
Die jeweiligen Wahrscheinlichkeiten der einzelnen Noten ergeben
sich als relative Häufigkeiten $\frac{k}{n}$: 0,5

$$p_1 = P(\text{„Note 1“}) = \frac{2}{20} = \frac{1}{10} = 0{,}10$$

$$p_2 = P(\text{„Note 2“}) = \frac{5}{20} = 0{,}25$$

$$p_3 = P(\text{„Note 3“}) = \frac{5}{20} = 0{,}25$$ 1

$$p_4 = P(\text{„Note 4“}) = \frac{3}{20} = 0{,}15$$

$$p_5 = P(\text{„Note 5“}) = 0$$

$$p_6 = P(\text{„Note 6“}) = \frac{5}{20} = 0{,}25$$

Die Zufallsvariable M („Note bei der Mathematik-Klausur“) nimmt
die Werte $m_1=1$ (Note 1), $m_2=2$ (Note 2) etc. mit den Wahrscheinlichkeiten p_1, p_2 etc. an. Nach der Formel ergibt sich: 1

$$E(M) = 1\cdot 0{,}1 + 2\cdot 0{,}25 + 3\cdot 0{,}25 + 4\cdot 0{,}15 + 5\cdot 0 + 6\cdot 0{,}25$$ 1
$$= 3{,}45$$ 1

Für die Varianz ergibt sich nach der Formel:

$$\mathrm{Var}(M) = (1-3{,}45)^2\cdot 0{,}1 + (2-3{,}45)^2\cdot 0{,}25 + (3-3{,}45)^2\cdot 0{,}25$$
$$+ (4-3{,}45)^2\cdot 0{,}15 + 0 + (6-3{,}45)^2\cdot 0{,}25$$ 1
$$= 0{,}60025 + 0{,}525625 + 0{,}050625 + 0{,}045375 + 0 + 1{,}625625$$
$$= 2{,}8475$$ 2

$$\Rightarrow\ \sigma(M) = \sqrt{2{,}8475} \approx 1{,}69$$ 1

b) 🕒 8 Minuten, 🧠🧠 / 🧠🧠🧠

Ein Notenschnitt von ca. 3,5 mit nur den Noten 2, 3, 4, 5 kann bei kleiner Standardabweichung erreicht werden, wenn nur eine 2 und eine 5 auftreten und sich der Rest auf die Noten 3 und 4 verteilt, z. B.:

Note	1	2	3	4	5	6
Anzahl	0	1	9	9	1	0

3

$E(D)=3{,}5$ — Symmetrie der Notenverteilung

$\sigma(D)<\sigma(M)$ gilt, da die Werte offensichtlich wesentlich weniger um den Erwartungswert streuen. 1

Die Berechnung von $\sigma(D)$ ist nicht verlangt, stellt aber eine alternative Lösung dar:

$$\sigma^2(D)=(2-3{,}5)^2\cdot\frac{1}{20}\cdot 2+(3-3{,}5)^2\cdot\frac{9}{20}\cdot 2 \quad \text{Symmetrie ausnutzen}$$
$$=0{,}45$$

$$\Rightarrow \quad \sigma(D)\approx 0{,}67<\sigma(M)$$

3 🕒 11 Minuten, 🧠🧠

$H_0\colon p_0\geq 0{,}90$ 0,5

X = Anzahl der Personen mit gesteigerter Vitalität nach Einnahme 0,5

Die Nullhypothese wird angenommen, wenn „relativ viele“ Leute nach Einnahme eine höhere Vitalität haben, d. h. $A_0=\{k+1;\,k+2;\,\ldots;\,100\}$ mit $k\in\mathbb{N}$. Sie wird abgelehnt, wenn „relativ wenige“ Leute eine höhere Vitalität haben, d. h. $\overline{A}_0=\{0;\,1;\,\ldots;\,k\}$. 1 1

Nun ist k zu bestimmen und zu prüfen, in welchem Bereich das Testergebnis 84 liegt.

Die Nullhypothese wird auf 5 %-Niveau abgelehnt, obwohl sie wahr ist (d. h. tatsächlich $p_0\geq 0{,}90$ gilt), also muss gelten:

$$P(X\in\overline{A}_0)\Big|_{0,9}^{100}\leq 0{,}05$$ 1

$$P(X\leq k)\Big|_{0,9}^{100}\leq 0{,}05$$

$$P(X\leq 84)\Big|_{0,9}^{100}=0{,}03989<0{,}05$$ Tafelwerk

$$P(X\leq 85)\Big|_{0,9}^{100}=0{,}07257>0{,}05$$ 1

$\Rightarrow$ $k = 84$ ist letzter Wert in $\overline{A_0}$.

$\overline{A_0} = \{0; 1; 2; \ldots; 84\}$

$A_0 = \{85; 86; \ldots; 100\}$ 1

$\Rightarrow$ $84 \notin A_0$

Die Nullhypothese kann auf dem Signifikanzniveau 5 % abgelehnt werden. 2

4 a) 3 Minuten,

A und B sind abhängig, wenn $x \neq y$ (vgl. Baumdiagramm rechts), weil: 2

$$x = P_A(B) = \frac{P(A \cap B)}{P(A)}$$

$$y = P_{\overline{A}}(B) = \frac{P(\overline{A} \cap B)}{P(\overline{A})}$$

Wären die Ereignisse unabhängig, wären beide Wahrscheinlichkeiten gleich P(B).

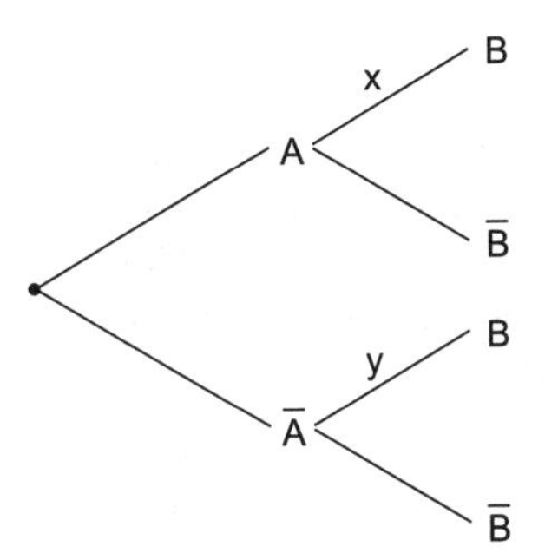

b) 5 Minuten,

Gemeinsam ist beiden Modellen, dass jeweils nur 2 Versuchsausgänge betrachtet werden, oft bezeichnet als „Treffer" und „Niete". 1

Die beiden Modelle unterscheiden sich in der Art des Ziehens: beim ersten Modell wird „ohne", beim zweiten „mit" Zurücklegen aus der Urne gezogen. 1

Ist die Gesamtzahl N der Kugeln in der Urne sehr groß gegenüber der Anzahl n der gezogenen Kugeln, kann approximativ das Modell „Ziehen mit Zurücklegen" für das Modell „Ziehen ohne Zurücklegen" verwendet werden. 1

Der Vorteil dieses Modells ist, dass es die Binomialverteilung darstellt, deren Wahrscheinlichkeitswerte tabellarisiert sind. 1

Klausur 15

BE

1 Bestimmen Sie den maximal möglichen Definitionsbereich der angegebenen Integralfunktion. Begründen Sie dies genau.
Berechnen Sie eine möglichst einfache integralfreie Darstellung der Integralfunktion. Dokumentieren Sie Ihren Rechenweg.

$$I(x) = \int_1^x \ln(2t-1)\,dt$$ 10

2 Alex und Adjoa gehen aufs Kiliani (Volksfest in Würzburg). Adjoa hat nur selten Dosenwerfen gespielt und schätzt ihre Trefferwahrscheinlichkeit auf etwa 10 %. Alex jedoch ist begeisterter Dosenwerfer, er hat zu Hause geübt und behauptet, seine Trefferwahrscheinlichkeit betrage ca. 40 %.

a) Adjoa hat sich zum Ziel gesetzt, mindestens einmal zu treffen. Berechnen Sie, wie viele Würfe sie mindestens durchführen muss, damit dies mit einer Wahrscheinlichkeit von mindestens 90 % eintritt. 8

b) Berechnen Sie für 100 Würfe von Adjoa den Erwartungswert μ für die Anzahl der Treffer. Geben Sie die Standardabweichung σ an. Berechnen Sie dann die Wahrscheinlichkeit, dass sich Adjoas Anzahl der Treffer im Intervall $\mu \pm \sigma$ befindet. 9

c) Drei Würfe kosten 1 €, pro Treffer erhält man 1 €. Alex hofft, dass bei seinen Würfen so viel Gewinn rausspringt, dass er anschließend sich und Adjoa je zwei Cocktails in der Bar spendieren kann. Berechnen Sie den zu erwartenden Reingewinn von Alex, vorausgesetzt seine angegebene Trefferwahrscheinlichkeit stimmt. Dokumentieren Sie dabei ausführlich Ihren Gedankengang und Rechenweg. Schätzen Sie anschließend ab, wie viel Geld er dabeihaben muss und wie oft er werfen muss, damit er den geplanten Gewinn erwirtschaften kann. 13

Hinweise und Tipps

1
- Beachten Sie den Definitionsbereich der Logarithmusfunktion.
- Die Merkhilfe liefert Stammfunktionen für $\ln x$ und $f(ax+b)$. Kombinieren Sie beide Formeln.
- Dokumentieren Sie dabei Ihr Vorgehen gut, um selbst nicht den Überblick zu verlieren.

2
- Aufgabentyp der Aufgabe a: 3-mal-Mindestens-Aufgabe (n ist gesucht)
- Gehen Sie zum Gegenereignis über und logarithmieren Sie die entstehende Ungleichung.
- Beachten Sie, wann sich das Ungleichheitszeichen umdreht.
- Ermitteln Sie bei Aufgabe b den Erwartungswert und die Standardabweichung der binomialverteilten Zufallsgröße durch Einsetzen in die Formel.
- Entnehmen Sie die benötigten Summenwahrscheinlichkeiten für das gesuchte Intervall einer entsprechenden Tabelle (Tafelwerk).
- Notieren Sie zu Aufgabe c, was die betrachtete Zufallsvariable bedeutet und wie die Parameter n und p lauten.
- Überlegen Sie, in welchen Fällen Alex etwas verliert, nichts verliert bzw. gewinnt oder etwas gewinnt und wie viel jeweils.
- Berechnen Sie jeweils die zugehörigen Wahrscheinlichkeiten.
- Führen Sie die Zufallsgröße „Reingewinn" ein und berechnen Sie deren Erwartungswert.
- Interpretieren und kommentieren Sie das Ergebnis abschließend aus Ihrem Alltagsverständnis. Überlegen Sie dabei, welcher Preis für einen Cocktail realistisch ist.

Vertiefende Hinweise zum Lösen der Aufgaben finden Sie in

Abitur-Training Analysis (Buch-Nr.: 9400218)
2.1 Definitionsmenge
7.1 Stammfunktionen
8.1 Integralfunktionen als Stammfunktionen
9.2 Zweite elementare Integrationsregel

Abitur-Training Stochastik (Buch-Nr.: 940091)
Kapitel „Die Binomialverteilung", Abschnitte 2, 4 und 5
Kapitel „Zufallsgrößen und ihre Wahrscheinlichkeitsverteilung", Abschnitt 3

Lösung

1 12 Minuten,

$$I(x) = \int_1^x \ln(2t-1)\,dt$$

Definitionsmenge:

$$2t-1>0 \iff 2t>1 \iff t>\frac{1}{2}$$

Argument des Logarithmus muss positiv sein. 1

$$\mathbb{D}_I = \left]\frac{1}{2};\infty\right[$$

1

Integralfreie Darstellung:

Es kommen folgende Formeln zum Einsatz:

$$\int \ln x\,dx = -x + x\ln x + C$$

$$\int f(ax+b)\,dx = \frac{1}{a}F(ax+b)+C$$

Formeln siehe Merkhilfe

Es gilt $\ln(2t-1) = f(at+b) = f(z)$ mit:

$a=2 \quad b=-1 \quad z=at+b$ 1

$f(z) = \ln z \Rightarrow F(z) = -z + z\ln z + C$

Stammfunktion bilden (siehe oben bzw. Merkhilfe) 2

Anwenden der Formel ergibt:

$$I(x) = \left[\underbrace{\frac{1}{2}}_{\frac{1}{a}}\left(-\underbrace{(2t-1)}_{z} + \underbrace{(2t-1)}_{z}\ln\underbrace{(2t-1)}_{z}\right)\right]_1^x$$

Einsetzen der einzelnen Elemente in die Formel 2

$$= \frac{1}{2}[(-(2x-1)+(2x-1)\ln(2x-1)) \\ -(-(2\cdot 1-1)+(2\cdot 1-1)\cdot\ln(2\cdot 1-1))]$$

Integrationsgrenzen einsetzen 1

$$= \frac{1}{2}[-(2x-1)+(2x-1)\ln(2x-1)-(-1+1\cdot 0)]$$

1

$$= \frac{1}{2}[-2x+1+(2x-1)\ln(2x-1)+1]$$

$$= \frac{1}{2}[-2x+2+(2x-1)\ln(2x-1)]$$

1

2 a) 10 Minuten,

Es handelt sich um eine Bernoulli-Kette unbekannter Länge n.
Die Trefferwahrscheinlichkeit beträgt $p=0,1$.
$X=$ Anzahl der Treffer

Rechnung	Erläuterung	Punkte
$P(X\geq 1)\Big\|_{0,1}^{n}\geq 0,90$		2
$1-P(X=0)\Big\|_{0,1}^{n}\geq 0,90$	Übergang zum Gegenereignis	1
$P(X=0)\Big\|_{0,1}^{n}\leq 0,10$	Überlegen bzw. Umformen	1
$\underbrace{\binom{n}{0}}_{=1}\cdot 0,1^{0}\cdot 0,9^{n}\leq 0,10$	Bernoulli-Formel	1
$\ln 0,9^{n}\leq \ln 0,10$	Logarithmieren	0,5
$n\cdot\ln 0,9\leq \ln 0,10 \quad \Big\|:\ln 0,9$		0,5
$n\geq \dfrac{\ln 0,10}{\ln 0,9}$	Ungleichheitszeichen dreht sich um, da $\ln 0,9<0$.	1
$n\geq 21,85$	Aufrunden	0,5
Adjoa muss mindestens 22-mal werfen.		0,5

b) 12 Minuten, /

Für eine binomialverteilte Zufallsgröße gilt:

$\mu=n\cdot p$

$\sigma=\sqrt{np(1-p)}$ — Merkhilfe

Für Adjoas Würfe gilt:

$n=100$ und $p=0,1$

Rechnung	Erläuterung	Punkte
$\Rightarrow\ \mu=100\cdot 0,1=10$		1
$\sigma=\sqrt{100\cdot 0,1\cdot 0,9}=\sqrt{9}=3$		1
$\left.\begin{array}{l}\mu-\sigma=7\\ \mu+\sigma=13\end{array}\right\}$ Intervall: $X\in[7;13]$	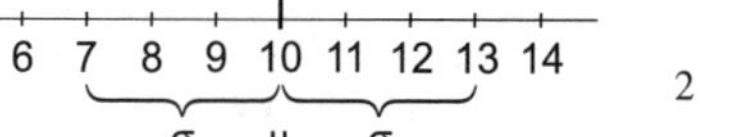	2
$P(7\leq X\leq 13)\Big\|_{0,1}^{100}$		1
$=P(X\leq 13)\Big\|_{0,1}^{100}-P(X\leq 6)\Big\|_{0,1}^{100}$		2
$=0,87612-0,11716$	Tafelwerk	1
$=0,75896\approx 75,9\,\%$		1

c) 26 Minuten,

X = Anzahl der Treffer von Alex
n = 3 (3 Würfe kosten 1 €), p = 0,40 | 1

Alex verliert 1 €, wenn er keinen Treffer erzielt (Reingewinn: – 1 €). | 0,5

$P(X=0)\big|_{0,4}^{3} = \binom{3}{0} \cdot 0{,}4^0 \cdot 0{,}6^3 = 0{,}216 = 21{,}6\ \%$ | 1

Er macht weder Gewinn noch Verlust, wenn er einen Treffer hat (Reingewinn: 0 €). | 0,5

$P(X=1)\big|_{0,4}^{3} = \binom{3}{1} \cdot 0{,}4^1 \cdot 0{,}6^2 = 0{,}432 = 43{,}2\ \%$ | 1

(Diese Wahrscheinlichkeit müsste nicht berechnet werden, da in diesem Fall der Reingewinn 0 € beträgt.)

Er macht einen Reingewinn von 1 € bei 2 Treffern. | 0,5

$P(X=2)\big|_{0,4}^{3} = \binom{3}{2} \cdot 0{,}4^2 \cdot 0{,}6^1 = 0{,}288 = 28{,}8\ \%$ | 1

Er macht einen Reingewinn von 2 €, wenn er 3 Treffer erzielt. | 0,5

$P(X=3)\big|_{0,4}^{3} = \binom{3}{3} \cdot 0{,}4^3 \cdot 0{,}6^0 = 0{,}064 = 6{,}4\ \%$ | 1

Z = Reingewinn in €
Gewinnerwartung (Reingewinn):

$E(Z) = -1\ € \cdot 0{,}216 + 0\ € \cdot 0{,}432 + 1\ € \cdot 0{,}288 + 2\ € \cdot 0{,}064$ | 1

$= (-0{,}216 + 0{,}288 + 0{,}128)\ €$

$= 0{,}20\ €$ | 1

Bei 3 Würfen kann Alex mit einem Reingewinn von 20 ct (0,20 €) rechnen. | 0,5

Für vier Cocktails muss er mit 20 € rechnen: | 1
20 € : 0,20 € = 100 | 0,5

Alex müsste daher 100-mal spielen, d. h., er müsste 300-mal werfen und bräuchte deshalb 100 €, um den geplanten Reingewinn von 20 € zu erzielen. | 2

Klausuren zum Themenbereich 4

- **Anwendungen der Differenzial- und Integralrechnung**
- **Geraden und Ebenen im Raum**

Klausur 16

BE

1 Gegeben sind die Funktionen

$f\colon\ x \mapsto e^{-0{,}4x}$ und $k\colon\ x \mapsto e^{-0{,}4x} \cdot \sin x$ mit $\mathbb{D}_f = \mathbb{D}_k = \mathbb{R}$.

Der Graph von k ist für $x \geq 0$ in folgendem Diagramm dargestellt:

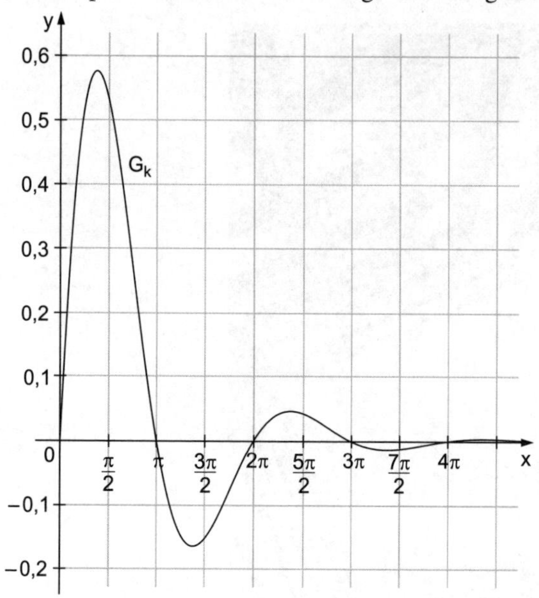

a) Berechnen Sie folgende Funktionswerte:

$f\left(\frac{\pi}{2}\right)$; $f\left(\frac{3\pi}{2}\right)$; $f\left(\frac{5\pi}{2}\right)$

Geben Sie das Verhalten im Unendlichen sowie das Monotonieverhalten von f an. — 3

b) Geben Sie mit anschaulicher Begründung an, wie der Graph der Funktion k aus der Sinusfunktion hervorgeht. Was ist dennoch gleich geblieben? — 3

c) Zeigen Sie, dass für den Term der Ableitungsfunktion von k gilt:

$k'(x) = e^{-0{,}4x}(\cos x - 0{,}4 \sin x)$ — 2

d) Begründen Sie Folgendes rechnerisch; dokumentieren Sie dabei Ihren Gedankengang genau:
Die Graphen der Funktionen f und k berühren sich im Punkt $P\left(\frac{\pi}{2} \middle| f\left(\frac{\pi}{2}\right)\right)$. 5

e) Es sollen nun die Graphen der Funktionen f und −f in obige Zeichnung eingezeichnet werden. Verwenden Sie dabei alle bisherigen Ergebnisse und überlegen Sie (Stichwort als kurze Begründung genügt), an welchen Stellen es weitere Berührpunkte von f und k sowie −f und k gibt. 4

f) Untersuchen Sie das Verhalten der Funktion k im Unendlichen. Begründen Sie genau. 4

g) Offensichtlich unterscheiden sich die Extremstellen von k und der Sinusfunktion. Prüfen Sie, ob die x-Werte der Extrempunkte der Funktion k trotzdem periodisch auftreten. 5

h) Begründen Sie mithilfe des Graphen unter Verwendung der Fachsprache:
$$\int_0^{2\pi} k(x)\,dx > 0$$ 3

2 Gegeben sind die Geraden

$$g: \overrightarrow{X} = \begin{pmatrix} 3 \\ -1 \\ 2 \end{pmatrix} + \lambda \begin{pmatrix} -3 \\ 1 \\ -4 \end{pmatrix} \text{ und } h: \overrightarrow{X} = \begin{pmatrix} 2 \\ 1 \\ -1 \end{pmatrix} + \sigma \begin{pmatrix} 1 \\ a \\ b \end{pmatrix} \text{ mit } \lambda, \sigma, a, b \in \mathbb{R}.$$

Bestimmen Sie a und b so, dass g und h echt parallel sind, und bestimmen Sie dann die Gleichung der durch g und h festgelegten Ebene E in Parameterform. Erklären Sie durchgängig Ihr Vorgehen. 11

Hinweise und Tipps

1
- Achten Sie bei der Berechnung der Funktionswerte darauf, beim Eintippen in den Taschenrechner jeweils Klammern um den Exponenten zu setzen.
- Verhalten im Unendlichen bedeutet $x \to \pm\infty$.
- Schauen Sie sich für Aufgabe b beide Funktionsterme genau an und erinnern Sie sich an die Eigenschaften der Sinus- bzw. Exponentialfunktion.
- Verwenden Sie bei Aufgabe c die Ableitungsregeln aus der Merkhilfe.
- In einem Berührpunkt müssen die Steigung und der Funktionswert beider Funktionen jeweils gleich sein.
- Denken Sie bei Aufgabe f an die Begriffe „Divergenz“ (zwei Arten), „oszillierende Funktion“ und „beschränkte Funktion“.
- Setzen Sie für Aufgabe g die Ableitung von k gleich null und formen Sie geschickt um. Denken Sie an die Tangensfunktion und ihre Periode.
- Betrachten Sie das in Aufgabe h angegebene bestimmte Integral als gerichteten Flächeninhalt (Flächenbilanz).

2
- Damit die Geraden parallel sind, müssen die Richtungsvektoren linear abhängig (also ein Vielfaches voneinander) sein.
- Fertigen Sie eine Skizze an, in der Sie auch den Verbindungsvektor der Aufpunkte beider Geraden einzeichnen, und überlegen Sie, welche beiden Vektoren die gesuchte Ebene aufspannen.

Vertiefende Hinweise zum Lösen der Aufgaben finden Sie in

Abitur-Training Analysis (Buch-Nr.: 9400218)

1.8 Exponentialfunktionen
1.7 Sinus- und Kosinusfunktion
2.4 Lage- und Formänderungen von Funktionsgraphen
3.1 Grenzwerte vom Typ $x \to \pm\infty$
4.2 Ableitungsregeln
4.4 Tangenten und Normalen
5.1 Steigungsverhalten
5.2 Relative Extrema
7.2 Das bestimmte Integral

Abitur-Training Analytische Geometrie (Buch-Nr.: 940051)

3.5 Lineare Abhängigkeit und Unabhängigkeit
5.1 Geraden
5.2 Ebenen
7.1 Berechnungen mithilfe der Parameterform

Lösung

BE

1 a) 5 Minuten,
Funktionswerte:

$f\left(\frac{\pi}{2}\right) = e^{-0,4 \cdot \frac{\pi}{2}} \approx 0,53$ 0,5

$f\left(\frac{3\pi}{2}\right) = e^{-\frac{0,4 \cdot 3\pi}{2}} \approx 0,15$ 0,5

$f\left(\frac{5\pi}{2}\right) = e^{-\frac{0,4 \cdot 5\pi}{2}} \approx 0,04$ 0,5

Verhalten im Unendlichen:

$\lim\limits_{x \to -\infty} e^{-0,4x} = +\infty$ 0,5

$\lim\limits_{x \to +\infty} e^{-0,4x} = 0$ 0,5

Monotonie:
Die Funktion f ist streng monoton fallend. 0,5

b) 4 Minuten, /
Der Term $k(x) = e^{-0,4x} \cdot \sin x$ lässt sich auch so ausdrücken:
$k(x) = f(x) \cdot \sin x$

Die Funktion k entsteht also aus der Sinusfunktion durch Multiplikation mit dem Term f(x). 1

Anschaulich: Die Sinusfunktion wird abhängig vom x-Wert gestreckt oder gestaucht mit dem Faktor $e^{-0,4x}$. 1

Die Nullstellen der Funktion k entsprechen denen der Sinusfunktion, da $e^{-0,4x} \neq 0$ ist. 1

c) 3 Minuten,
$k(x) = e^{-0,4x} \cdot \sin x$

$k'(x) = e^{-0,4x} \cdot (-0,4) \cdot \sin x + e^{-0,4x} \cdot \cos x$ Produktregel 2
$= e^{-0,4x}(\cos x - 0,4 \sin x)$

d) 6 Minuten,

Im Berührpunkt haben die Funktionen f und k
(1) den gleichen Funktionswert und
(2) die gleiche Steigung,
d. h., es muss gelten:

(1) $f\left(\frac{\pi}{2}\right)=k\left(\frac{\pi}{2}\right)$ 0,5

(2) $f'\left(\frac{\pi}{2}\right)=k'\left(\frac{\pi}{2}\right)$ 0,5

Dies wird nun geprüft.

Zu (1): $k\left(\frac{\pi}{2}\right)=e^{-0,4\cdot\frac{\pi}{2}}\cdot\underbrace{\sin\frac{\pi}{2}}_{=1}=f\left(\frac{\pi}{2}\right)$ 1

$\Rightarrow$ (1) stimmt. 0,5

Zu (2): $k'\left(\frac{\pi}{2}\right)=e^{-0,4\cdot\frac{\pi}{2}}\left(\underbrace{\cos\frac{\pi}{2}}_{=0}-0,4\cdot\underbrace{\sin\frac{\pi}{2}}_{=1}\right)$ Einsetzen in Ergebnis von Aufgabe c 0,5

$=e^{-0,4\cdot\frac{\pi}{2}}\cdot(-0,4)$ 0,5

$f'(x)=e^{-0,4x}\cdot(-0,4)$ Kettenregel 0,5

$\Rightarrow\ f'\left(\frac{\pi}{2}\right)=e^{-0,4\cdot\frac{\pi}{2}}\cdot(-0,4)$ 0,5

$\Rightarrow\ k'\left(\frac{\pi}{2}\right)=f'\left(\frac{\pi}{2}\right)$

$\Rightarrow$ (2) stimmt. 0,5

Die beiden Funktionen berühren sich im Punkt $P\left(\frac{\pi}{2}\,\middle|\,f\left(\frac{\pi}{2}\right)\right)$.

e) 6 Minuten,

Zeichnung:
siehe nächste Seite

Berührpunkte:
Der Punkt P ist als Berührpunkt nachgewiesen (vgl. Aufgabe d). Wegen der **Periode 2π** von **Sinus- und Kosinusfunktion** gibt es in diesen Abständen weitere Berührpunkte zwischen f und k bzw. –f und k (an allen Stellen, an denen $\sin x=\pm1$ ist). 1

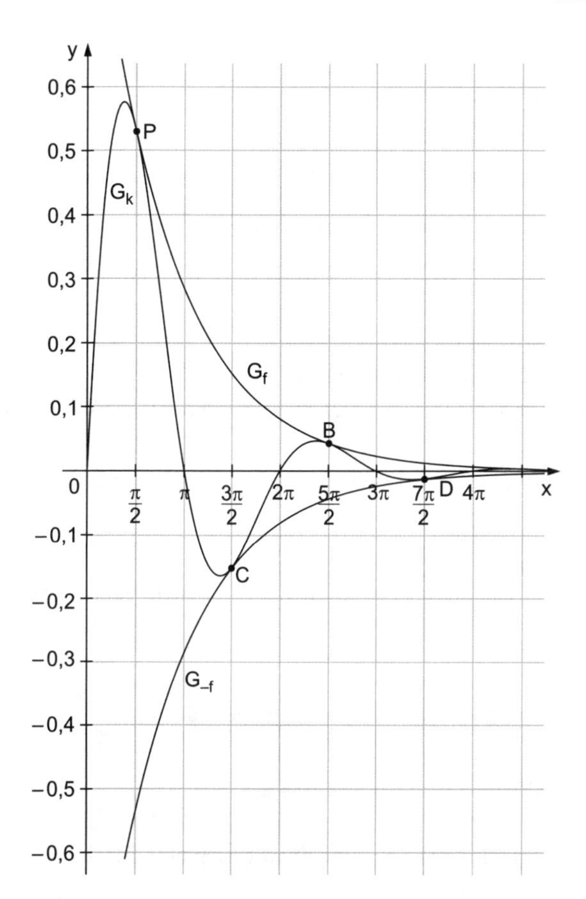

3

f) 🕒 7 Minuten,

$k(x) = e^{-0,4x} \cdot \sin x$

$x \to +\infty$:

Sinusfunktion ist beschränkt (Betrag der Funktionswerte immer ≤ 1). 0,5

$e^{-0,4x}$ konvergiert gegen null. 0,5

$\Rightarrow \lim\limits_{x \to +\infty} k(x) = 0$ 1

$x \to -\infty$:

Sinusfunktion oszilliert, wird immer wieder null. 0,5

$e^{-0,4x}$ divergiert gegen $+\infty$. 0,5

$\Rightarrow$ Es existiert kein Grenzwert, auch unbestimmte Divergenz genannt. 1

g) 7 Minuten, /

Bedingung für Extremalstellen von k: $k'(x)=0$ 1

$k'(x) = e^{-0,4x}(\cos x - 0,4\sin x)$ aus Aufgabe c

$k'(x) = 0 \iff \cos x - 0,4\sin x = 0$ $e^{-0,4x} \neq 0$ 0,5

$\cos x = 0,4\sin x \quad |:\cos x \quad |:0,4$

$2,5 = \frac{\sin x}{\cos x}$ 0,5

$2,5 = \tan x \Rightarrow x \approx 1,2$ 1

Für die Extremalstellen der Sinusfunktion gilt: $x = \frac{\pi}{2}, \frac{3}{2}\pi, \ldots$

$\Rightarrow$ Die Extremalstellen von k unterscheiden sich von denen der Sinusfunktion, da $\frac{\pi}{2} \neq 1,2$.

Da die Tangensfunktion die Periode π hat, treten die Extremalstellen periodisch auf. 2

h) 5 Minuten,

Am Graphen sieht man, dass die oberhalb der x-Achse liegende Fläche

$A_1 = \int_0^{\pi} k(x)\,dx$ 1

größer ist als die unterhalb der x-Achse liegende Fläche

$A_2 = \left| \int_{\pi}^{2\pi} k(x)\,dx \right|.$ 1

Das bestimmte Integral $\int_0^{2\pi} k(x)\,dx$ gibt einen gerichteten Flächeninhalt an:

$\int_0^{2\pi} k(x)\,dx = A_1 - A_2 > 0$ 1

2 17 Minuten,

Die beiden Geraden g und h sollen parallel sein. Das bedeutet, dass die Richtungsvektoren kollinear (linear abhängig) voneinander sein müssen: 0,5

$\lambda \begin{pmatrix} -3 \\ 1 \\ -4 \end{pmatrix} = \begin{pmatrix} 1 \\ a \\ b \end{pmatrix}$ mit $\lambda \in \mathbb{R}$ 0,5

Man erhält 3 Gleichungen:

(1) $-3\lambda = 1 \Rightarrow \lambda = -\frac{1}{3}$ 0,5

(2) $\lambda = a$ 1

(3) $-4\lambda = b$

(1) in (2): $a = -\frac{1}{3}$ 0,5

(1) in (3): $-4 \cdot \left(-\frac{1}{3}\right) = b$

$b = \frac{4}{3}$ 0,5

Für $a = -\frac{1}{3}$ und $b = \frac{4}{3}$ sind die Geraden parallel. 0,5

Nun gilt zu prüfen, ob die Geraden **echt** parallel zueinander sind:

B h

A g 1

Man bildet dazu den Verbindungsvektor der beiden Aufpunkte und prüft, ob dieser linear unabhängig vom Richtungsvektor der Geraden ist. 0,5

$A(3|-1|2) \quad B(2|1|-1)$

$$\overrightarrow{AB} = \vec{B} - \vec{A} = \begin{pmatrix} 2 \\ 1 \\ -1 \end{pmatrix} - \begin{pmatrix} 3 \\ -1 \\ 2 \end{pmatrix} = \begin{pmatrix} -1 \\ 2 \\ -3 \end{pmatrix}$$ 1

$$\overrightarrow{AB} \stackrel{?}{=} \lambda \cdot \vec{u}_g$$

$$\begin{pmatrix} -1 \\ 2 \\ -3 \end{pmatrix} = \lambda \begin{pmatrix} -3 \\ 1 \\ -4 \end{pmatrix}$$ 0,5

(1) $-1 = -3\lambda$

(2) $2 = \lambda$ 1

(3) $-3 = -4\lambda$

(2) in (1) liefert Widerspruch $\Rightarrow$ g und h sind echt parallel. 1

Die Ebene kann folgendermaßen in Parameterform dargestellt werden:

E: $\vec{X} = \vec{A} + \mu \cdot \vec{u}_g + \tau \cdot \overrightarrow{AB}$ 1

E: $\vec{X} = \begin{pmatrix} 3 \\ -1 \\ 2 \end{pmatrix} + \mu \begin{pmatrix} -3 \\ 1 \\ -4 \end{pmatrix} + \tau \begin{pmatrix} -1 \\ 2 \\ -3 \end{pmatrix}$ 1

Klausur 17

BE

1 Bestimmen Sie den maximal möglichen Definitionsbereich der angegebenen Integralfunktion. Begründen Sie dies auch genau.
Berechnen Sie eine möglichst einfache integralfreie Darstellung der Integralfunktion. Dokumentieren Sie Ihren Rechenweg. 5

$$F(x) = \int_{-1}^{x} \left(t^2 - 4t + \frac{1}{t}\right) dt$$

2 Gibt es eine Stelle x_0, an welcher die Tangente an den Graphen der e-Funktion parallel ist zur Tangente an den Graphen der ln-Funktion? Begründen Sie Ihre Lösungsidee ausführlich. Visualisieren Sie an Skizzen. Wenn Sie eine Stelle x_0 finden, wo liegt sie etwa? 8

3 Untersuchen Sie die Lagebeziehung der beiden Geraden g und h und berechnen Sie gegebenenfalls den Schnittpunkt. 9

$$g: \vec{X} = \begin{pmatrix} 5 \\ 3 \\ -4 \end{pmatrix} + \lambda \begin{pmatrix} -2 \\ -3 \\ 5 \end{pmatrix} \qquad h: \vec{X} = \begin{pmatrix} -6 \\ 6 \\ 19 \end{pmatrix} + \mu \begin{pmatrix} -3 \\ 2 \\ -1 \end{pmatrix}$$

4 Im $\mathbb{R}^3$ sind die Punkte $A(7|6|5)$, $B(-7|0|-3)$, $C(1|5|-1)$ und $D(0|0|-15)$ gegeben.

a) Geben Sie eine Gleichung der durch die Punkte A, B und C festgelegten Ebene E in Koordinatenform an.
[Zwischenergebnis: E: $14x_1 - 18x_2 - 11x_3 + 65 = 0$] 8

b) Bestimmen Sie die Hesse'sche Normalenform der Ebene E und berechnen Sie den Abstand des Punktes D zur Ebene E auf eine Dezimale genau. 5

c) Berechnen Sie die Koordinaten des Lotfußpunktes F von D auf E. Runden Sie das Endergebnis auf eine Dezimale genau. 5

Hinweise und Tipps

1
- Beachten Sie die Definitionslücke der Integrandenfunktion sowie die untere Integrationsgrenze.
- Bestimmen Sie eine Stammfunktion und setzen Sie die obere und die untere Grenze ein.

2
- Parallelität bedeutet gleiche Steigung und diese wird durch die Ableitung gegeben.
- Bestimmen Sie die Ableitungsfunktionen und skizzieren Sie diese.
- Überlegen Sie, wie man gleiche Steigung aus dem Graphen der Ableitungsfunktionen herauslesen kann, und belegen Sie dies rechnerisch.

3
- Schließen Sie Parallelität der Geraden aus.
- Da ein eventuell vorhandener Schnittpunkt zu bestimmen ist, empfiehlt sich das Gleichsetzungsverfahren.
- Setzen Sie die beiden Geradengleichungen gleich (LGS mit drei Gleichungen und zwei Unbekannten).
- Denken Sie daran, die erhaltenen Werte für λ und μ auch in die dritte Gleichung einzusetzen, um zu überprüfen, ob eine wahre Aussage entsteht.

4
- Bestimmen Sie zunächst die Ebenengleichung in Parameterform (siehe Merkhilfe) und ermitteln Sie anschließend den Normalenvektor (siehe Merkhilfe).
- Bestimmen Sie für Aufgabe b die Hesse'sche Normalenform der Ebene, setzen Sie den Punkt D ein und geben Sie das gerundete Ergebnis an.
- Stellen Sie bei Aufgabe c die Lotgerade von D auf E auf und schneiden Sie diese mit E.
- Rechnen Sie so weit wie möglich mit Bruchzahlen und runden Sie erst am Schluss.

Vertiefende Hinweise zum Lösen der Aufgaben finden Sie in

Abitur-Training Analysis
(Buch-Nr.: 9400218)
1.8 Exponentialfunktionen
1.9 Logarithmusfunktionen
2.1 Definitionsmenge
4.4 Tangenten und Normalen
7.1 Stammfunktionen
8.1 Integralfunktionen als Stammfunktionen

Abitur-Training Analytische Geometrie
(Buch-Nr.: 940051)
5.1 Geraden
5.2 Ebenen
6.1 Der Normalenvektor
6.4 Koordinatenform der Ebene
7.1 Berechnungen mithilfe der Parameterform
7.2 Berechnungen mithilfe der Koordinatenform
8.2 Abstand zwischen geometrischen Objekten

Lösung

1 8 Minuten,

Definitionsbereich:

$$F(x) = \int_{-1}^{x} \left(t^2 - 4t + \frac{1}{t}\right) dt$$

$\mathbb{D}_F = \mathbb{R}^-$ 1

Begründung: Wegen $\frac{1}{t}$ in der Integrandenfunktion hat diese bei $t = 0$ eine Definitionslücke, also die Integralfunktion entsprechend eine bei $x = 0$. 0,5
Da die untere Integrationsgrenze bei $a = -1$ liegt und nicht über die Definitionslücke hinweg integriert werden kann, folgt $\mathbb{D}_F = \mathbb{R}^-$. 0,5

Integralfreie Darstellung:

$$F(x) = \left[\frac{1}{3}t^3 - 2t^2 + \ln|t|\right]_{-1}^{x}$$ Stammfunktion bilden 1

$$= \frac{1}{3}x^3 - 2x^2 + \ln|x| - \Big(-\frac{1}{3} - 2 + \underbrace{\ln|-1|}_{=0}\Big)$$ Einsetzen der Integrationsgrenzen 1

$$= \frac{1}{3}x^3 - 2x^2 + \ln|x| + 2\frac{1}{3}$$ 1

Betragsfreie Darstellung (nicht verlangt):

$$F(x) = \frac{1}{3}x^3 - 2x^2 + \ln(-x) + 2\frac{1}{3}$$ $x \in \mathbb{R}^-$

2 12 Minuten, /

$f(x) = \ln x \qquad g(x) = e^x$

Skizze:

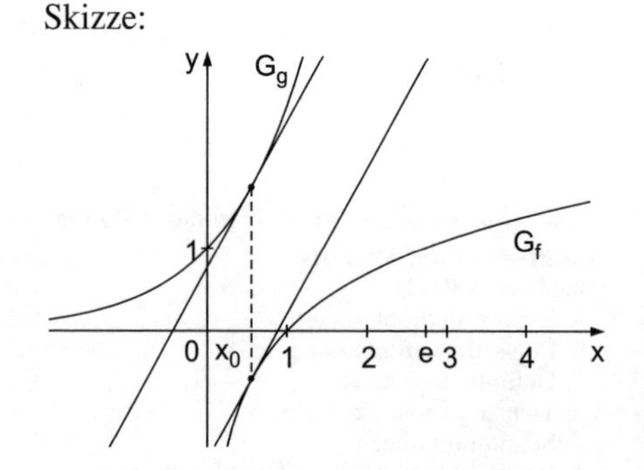

Ideenfindung (nicht notwendig darzustellen):
Nach Veranschaulichung an der Skizze sieht man, dass es durchaus möglich sein könnte, eine Stelle x_0 zu finden. Diese liegt vermutlich bei $x \approx 1$, wenn G_g noch nicht zu stark steigt und G_f noch nicht zu langsam steigt.

Parallele Tangenten bedeutet gleiche Steigung der beiden Funktionsgraphen und dies bedeutet einen gleichen Wert der Ableitungsfunktionen.

$f'(x) = \frac{1}{x} \qquad g'(x) = e^x$

Graphen der Ableitungsfunktionen:

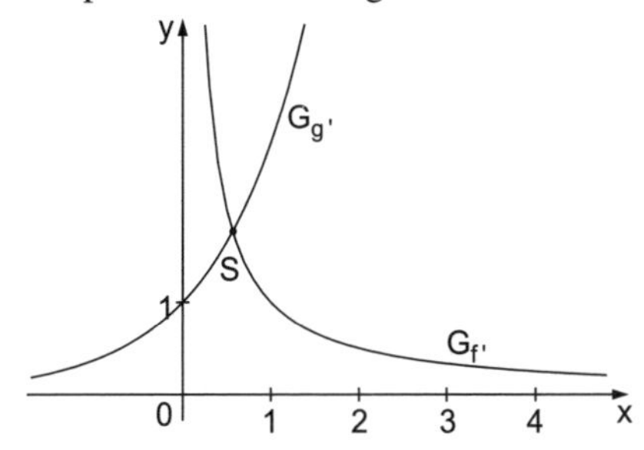

2

Es gibt einen Schnittpunkt S, in dem sich $G_{g'}$ und $G_{f'}$ schneiden. 1

$f'(0{,}5) = 2 \qquad g'(0{,}5) \approx 1{,}65$ 1

$f'(1) = 1 \qquad g'(1) \approx 2{,}7$ 1

$\Rightarrow$ $f'(0{,}5) > g'(0{,}5)$ und $f'(1) < g'(1)$ 1

$\Rightarrow$ Es gibt ein $x \in \,]0{,}5;\,1[$, in dem die Steigung von G_g und G_f gleich ist. 0,5

$\Rightarrow$ Es gibt eine Stelle $x_0 \in \,]0{,}5;\,1[$, an der die Tangenten an die Funktionen f: $x \mapsto \ln x$ und g: $x \mapsto e^x$ parallel sind. 0,5

3 🕒 15 Minuten, 🧠 / 🧠🧠

Offensichtlich gilt:

$$\begin{pmatrix} -2 \\ -3 \\ 5 \end{pmatrix} \neq \sigma \begin{pmatrix} -3 \\ 2 \\ -1 \end{pmatrix}$$ 0,5

$\Rightarrow$ Die Geraden sind nicht parallel. 0,5

$\Rightarrow$ Sie haben entweder einen Schnittpunkt oder sind windschief. 0,5

Schnittpunktberechnung durch Gleichsetzen:

$$\vec{X}_g = \vec{X}_h$$ 0,5

(1) $5 - 2\lambda = -6 - 3\mu$ 0,5

(2) $3 - 3\lambda = 6 + 2\mu$ 0,5

(3) $-4 + 5\lambda = 19 - \mu \quad |+\mu \;|+4 \;|-5\lambda$ 0,5

Aus (3): $\mu = 23 - 5\lambda \quad (*)$ 0,5

In (2) einsetzen:

$3-3\lambda = 6+2(23-5\lambda)$ 0,5

$3-3\lambda = 6+46-10\lambda \quad |+10\lambda \;|-3$ 0,5

$7\lambda = 49 \quad |:7$ 0,5

$\lambda = 7$ 0,5

In (*): $\mu = 23-5\cdot 7 = 23-35 = -12$ 1

$\lambda = 7$ und $\mu = -12$ in (1):

$5-14 = -6+36$ 0,5

$-9 = 30$ Widerspruch

$\Rightarrow$ Es gibt keinen Schnittpunkt. 0,5

Die Geraden g und h sind windschief. 1

4 a) 12 Minuten,

Ebene durch 3 Punkte:

E: $\vec{X} = \vec{A} + \lambda(\vec{B}-\vec{A}) + \mu(\vec{C}-\vec{A})$

$$\vec{X} = \begin{pmatrix} 7 \\ 6 \\ 5 \end{pmatrix} + \lambda \begin{pmatrix} -7-7 \\ 0-6 \\ -3-5 \end{pmatrix} + \mu \begin{pmatrix} 1-7 \\ 5-6 \\ -1-5 \end{pmatrix}$$ 2

$$\vec{X} = \begin{pmatrix} 7 \\ 6 \\ 5 \end{pmatrix} + \lambda \begin{pmatrix} -14 \\ -6 \\ -8 \end{pmatrix} + \mu \begin{pmatrix} -6 \\ -1 \\ -6 \end{pmatrix}$$ 1

Bei den Richtungsvektoren lässt sich der Faktor (–2) bzw. (–1) herausziehen, man erhält:

$$E: \vec{X} = \begin{pmatrix} 7 \\ 6 \\ 5 \end{pmatrix} + \sigma \cdot \begin{pmatrix} 7 \\ 3 \\ 4 \end{pmatrix} + \tau \begin{pmatrix} 6 \\ 1 \\ 6 \end{pmatrix}$$ 1

Der Normalenvektor ergibt sich als Vektorprodukt der Richtungsvektoren:

$$\vec{n} = \begin{pmatrix} 7 \\ 3 \\ 4 \end{pmatrix} \times \begin{pmatrix} 6 \\ 1 \\ 6 \end{pmatrix} = \begin{pmatrix} 3\cdot 6 - 4\cdot 1 \\ 4\cdot 6 - 7\cdot 6 \\ 7\cdot 1 - 3\cdot 6 \end{pmatrix}$$ 1

$$\begin{matrix} 7 & 6 \\ 3 & 1 \end{matrix}$$

$$= \begin{pmatrix} 14 \\ -18 \\ -11 \end{pmatrix}$$ 0,5

$\Rightarrow$ E: $14x_1 - 18x_2 - 11x_3 + c = 0$ 0,5

A einsetzen, um c zu bestimmen:

$$14\cdot 7-18\cdot 6-11\cdot 5+c=0$$ 0,5

$$98-108-55+c=0$$ 0,5

$$-65+c=0$$

$$c=65$$ 1

E: $14x_1-18x_2-11x_3+65=0$

b) 7 Minuten,

Für die Hesse'sche Normalenform (HNF) wird zuerst orientiert, indem mit (–1) multipliziert wird.

E: $-14x_1+18x_2+11x_3-65=0$ 1

Nun wird normiert:

$$\vec{n}=\begin{pmatrix}-14\\18\\11\end{pmatrix}$$

$$|\vec{n}|=\sqrt{(-14)^2+18^2+11^2}$$

$$=\sqrt{641}$$ 1

$$E_H\colon\ \frac{1}{\sqrt{641}}(-14x_1+18x_2+11x_3-65)=0$$ 1

Den Abstand d des Punktes $D(0|0|-15)$ von E erhält man, indem man diesen in E_H einsetzt:

$$d=\left|\frac{1}{\sqrt{641}}(0+0+11\cdot(-15)-65)\right|$$ 1

$$=\left|\frac{1}{\sqrt{641}}\cdot(-165-65)\right|$$

$$=\left|\frac{-230}{\sqrt{641}}\right|\approx 9{,}1$$ 1

c) 6 Minuten,

Lotgerade von D auf E:

$$\ell\colon\ \vec{X}=\vec{D}+\lambda\cdot\vec{n}_E$$

$$\ell\colon\ \vec{X}=\begin{pmatrix}0\\0\\-15\end{pmatrix}+\lambda\begin{pmatrix}14\\-18\\-11\end{pmatrix}$$ 1

ℓ in E:

$$14 \cdot 14\lambda - 18 \cdot (-18\lambda) - 11(-15 - 11\lambda) + 65 = 0 \qquad 1$$

$$196\lambda + 324\lambda + 165 + 121\lambda + 65 = 0$$

$$641\lambda + 230 = 0 \qquad 0{,}5$$

$$\lambda = -\frac{230}{641} \qquad 0{,}5$$

$$f_1 = 0 - \frac{230}{641} \cdot 14 \approx -5{,}0 \qquad 0{,}5$$

$$f_2 = 0 - \frac{230}{641} \cdot (-18) \approx 6{,}5 \qquad 0{,}5$$

$$f_3 = -15 - \frac{230}{641} \cdot (-11) \approx -11{,}1 \qquad 0{,}5$$

$\Rightarrow$ Lotfußpunkt $F(-5{,}0 \,|\, 6{,}5 \,|\, -11{,}1)$ 0,5

Klausur 18

BE

1 Gegeben ist die Funktion
$f\colon x \mapsto -0{,}5x^2 + 7{,}5 \qquad \mathbb{D}_f = \mathbb{R}_0^+$

a) Geben Sie die Wertemenge $\mathbb{W}_f$ an. 1

b) Begründen Sie, dass f umkehrbar ist.
Geben Sie Definitions- und Wertemenge der Umkehrfunktion f^{-1} an und bestimmen Sie den Term $f^{-1}(x)$. 7

c) Zeichnen Sie beide Graphen nach Berechnung geeigneter Werte in ein gemeinsames Koordinatensystem ein. 5

d) Berechnen Sie den Flächeninhalt des im ersten Quadranten liegenden herzförmigen Flächenstückes, das von den beiden Graphen sowie den Koordinatenachsen eingeschlossen wird. Dokumentieren Sie Ihren Lösungsweg. 7

2 a) Spiegeln Sie den Punkt $A(-3|5|7)$ an der x_1x_2-Ebene. 1

b) Spiegeln Sie den Punkt $B(2|-3|5)$ an der x_1-Achse. 1

c) Spiegeln Sie den Punkt $C(-3|1|7)$ am Koordinatenursprung. 1

d) Der Punkt $D(3|4|6)$ soll an den im Abstand 2 LE zur x_2x_3-Ebene parallelen Ebenen F und G gespiegelt werden. Geben Sie die Ebenengleichung von F bzw. G an. Spiegeln Sie dann jeweils den Punkt D an diesen Ebenen und dokumentieren Sie kurz Ihr Vorgehen. 4

3 a) Geben Sie an, welche möglichen Lagebeziehungen zwei Ebenen zueinander einnehmen können. Beziehen Sie auch scheinbar triviale Fälle mit ein. Ferner gibt es zwei grundsätzlich verschiedene Möglichkeiten, eine Ebene darzustellen. Nennen Sie die beiden Darstellungsformen. 3

b) Beschreiben Sie allgemein zwei grundsätzlich verschiedene Ansätze, wie man die Lagebeziehung zwischen zwei Ebenen abhängig von den Darstellungsformen der Ebenen untersuchen kann. Gehen Sie dabei auch auf die Entscheidungsfindung ein. Diskutieren Sie Vor- und Nachteile im Zusammenhang zur Darstellungsform. 10

Hinweise und Tipps

1
- Die Funktion stellt eine Parabel dar. Wo liegt ihr Scheitel?
- Beachten Sie die angegebene Definitionsmenge von f.
- Denken Sie an den Zusammenhang zwischen Definitions- und Wertemenge von Funktion und Umkehrfunktion.
- Vertauschen Sie die Variablen und lösen Sie nach y auf.
- Überlegen Sie für die Aufgaben c und d, wo sich die beiden Graphen schneiden, und nutzen Sie die daraus entstehende Symmetrie.
- Berechnen Sie die Hälfte der gesuchten Fläche als bestimmtes Integral.

2
- Überlegen Sie bei den Aufgaben a, b und c, welche Vorzeichen sich jeweils ändern.
- Überlegen Sie für Aufgabe d, wie Parallelebenen zur x_2x_3-Ebene aussehen. Beachten Sie, dass Sie zu gegebenem Abstand zwei solche Ebenen finden.

3
- Überlegen Sie sich für Aufgabe b zunächst eine Kurzgliederung entsprechend der beiden verschiedenen Lösungsansätze.
- Notieren Sie sich zu beiden Ansätzen Stichpunkte in Bezug auf die Vorgehensweise sowie Vor- und Nachteile.
- Formulieren Sie diese anschließend zu einem kleinen „Aufsatz“ aus.

Vertiefende Hinweise zum Lösen der Aufgaben finden Sie in

Abitur-Training Analysis (Buch-Nr.: 9400218)

1.2 Quadratische Funktionen
2.3 Schnittpunkte von Funktionsgraphen
6 Die Umkehrung einer Funktion
7.2 Das bestimmte Integral
7.3 Flächenberechnungen

Abitur-Training Analytische Geometrie (Buch-Nr.: 940051)

2.1 Koordinatensystem
5.2 Ebenen
6.3 Normalenform der Ebene
6.4 Koordinatenform der Ebene
7.1 Berechnungen mithilfe der Parameterform
7.2 Berechnungen mithilfe der Koordinatenform

Lösung

1 a) 🕒 2 Minuten,

$\mathbb{W}_f =]-\infty; 7{,}5]$ — 1

(nach unten geöffnete Parabel (wegen $a = -0{,}5$) mit Scheitel $S(0\,|\,7{,}5)$)

b) 🕒 10 Minuten,

Umkehrbarkeit:

Eine Funktion ist umkehrbar, wenn sie streng monoton ist.

1. Variante: G_f ist eine nach unten geöffnete Parabel mit $S(0\,|\,7{,}5)$ — 1

$\Rightarrow$ Für $x > 0$ ist G_f streng monoton fallend, also umkehrbar. — 1

2. Variante: $f'(x) = -0{,}5 \cdot 2x = -x$

Für $x > 0$ gilt $f'(x) < 0 \Rightarrow G_f$ streng monoton fallend.

Definitions- und Wertemenge:

$\mathbb{D}_{f^{-1}} = \mathbb{W}_f =]-\infty; 7{,}5]$ — 0,5

$\mathbb{W}_{f^{-1}} = \mathbb{D}_f = \mathbb{R}_0^+$ — 0,5

Term der Umkehrfunktion:

$$f(x) = -0{,}5x^2 + 7{,}5$$

$$y = -0{,}5x^2 + 7{,}5$$ — 0,5

$$x = -0{,}5y^2 + 7{,}5$$ Vertauschen der Variablen (≙ Spiegeln an der Winkelhalbierenden) — 0,5

$$x - 7{,}5 = -0{,}5y^2 \quad |\cdot(-2)$$ Auflösen nach y^2

$$-2(x - 7{,}5) = y^2$$

$$-2x + 15 = y^2$$ — 1,5

$$15 - 2x = y^2$$

$$\pm\sqrt{15 - 2x} = y$$ — 0,5

Wegen $\mathbb{W}_{f^{-1}} = \mathbb{R}_0^+$: $f^{-1}(x) = \sqrt{15 - 2x}$ — 1

c) 6 Minuten,

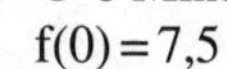

$f(0) = 7{,}5$ $f(1) = 7$ $f(2) = 5{,}5$ $f(3) = 3$ $f(4) = -0{,}5$ 1

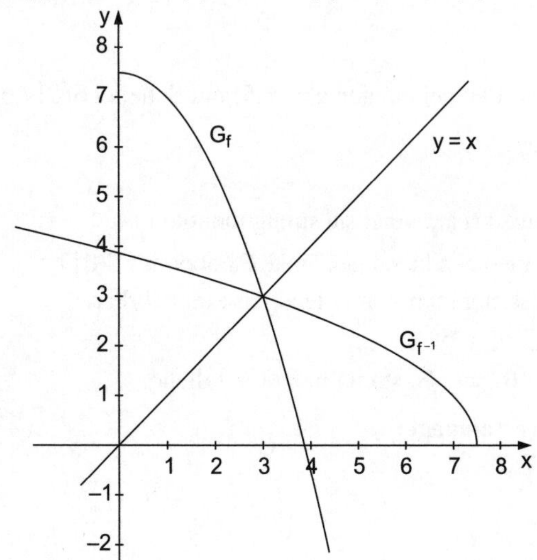

4

Hinweise:
Winkelhalbierende $y = x$ zeichnen. Einige Punkte auf der Parabel oder der Wurzelfunktion berechnen und sofort den Spiegelpunkt mit einzeichnen. Die Symmetrie zu $y = x$ muss klar herauskommen. Der Schnittpunkt von G_f und $G_{f^{-1}}$ liegt auf der Geraden $y = x$.

d) 11 Minuten, /

Wegen der Symmetrie zur Winkelhalbierenden $y = x$ (z. B. bezeichnet als $h(x) = x$) ist es sinnvoll, zunächst die Fläche A_1 zwischen $f(x)$ und $h(x)$ zu berechnen.
Der Flächeninhalt des herzförmigen Flächenstücks beträgt dann das Doppelte von A_1 (vgl. Abbildung rechts). 1

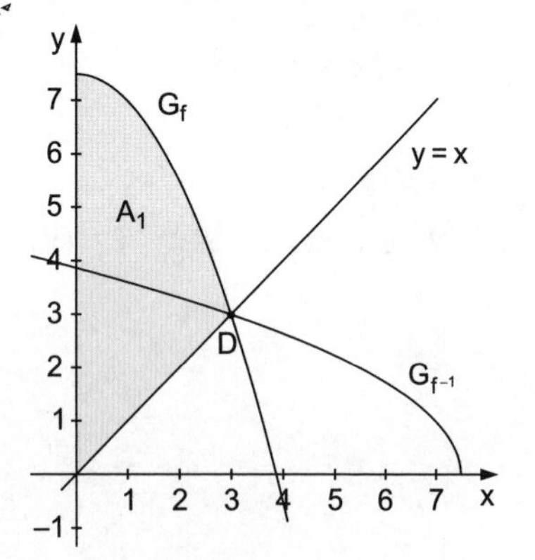

Berechnung des Schnittpunkts D von f(x) und h(x):

$$f(x) = h(x) \qquad 1$$
$$-0{,}5x^2 + 7{,}5 = x \quad |-x$$
$$-0{,}5x^2 - x + 7{,}5 = 0 \quad |\cdot(-2)$$
$$x^2 + 2x - 15 = 0$$

Einsetzen in die Lösungsformel oder Probieren liefert $x = 3$ (und $x = -5$; $-5 \notin \mathbb{D}_f$). 1

$$A_1 = \int_0^3 (f(x) - x)\,dx \qquad 1$$
$$= \int_0^3 (-0{,}5x^2 - x + 7{,}5)\,dx$$
$$= \left[\frac{-0{,}5x^3}{3} - \frac{x^2}{2} + 7{,}5x\right]_0^3$$ Stammfunktion bilden 1
$$= -0{,}5 \cdot \frac{3^3}{3} - \frac{9}{2} + 7{,}5 \cdot 3 - 0$$ Integrationsgrenzen einsetzen
$$= -4{,}5 - 4{,}5 + 22{,}5 \qquad 1$$
$$= 13{,}5$$
$$A = 2 \cdot A_1 = 2 \cdot 13{,}5 = 27$$

Die Fläche des Herzchens beträgt 27 FE. 1

2 a) 1 Minute,

Für die x_1x_2-Ebene gilt: $x_3 = 0$

Beim Spiegeln ändert sich nur das Vorzeichen von x_3:

$A(-3|5|7) \rightarrow A'(-3|5|-7)$ 1

b) 2 Minuten,

x_1-Achse: $\vec{X} = \lambda \begin{pmatrix} 1 \\ 0 \\ 0 \end{pmatrix}$

Das Vorzeichen von x_2 und x_3 ändert sich:

$B(2|-3|5) \rightarrow B'(2|3|-5)$ 1

c) 1 Minute,

Beim Spiegeln am Ursprung verändern sich alle Vorzeichen:

$C(-3|1|7) \rightarrow C'(3|-1|-7)$ 1

d) 4 Minuten,
Ebenen parallel zur x_2x_3-Ebene:
$x_1 = c$ (c ist eine Konstante)
Ebenen im Abstand 2:
$\Rightarrow$ F: $x_1 = +2$ G: $x_1 = -2$ 1
Beim Spiegeln an diesen Ebenen bleiben x_2 und x_3 unverändert:

D(3 | 4 | 6)	D(3 | 4 | 6)
↓ −1	↓ −5
$x_1 = 2$	$x_1 = -2$
↓ −1	↓ −5
D'(1 | 4 | 6)	D"(−7 | 4 | 6)

1

2

3 a) 3 Minuten, /
Zwei Ebenen können zueinander
- identisch sein, 0,5
- echt parallel sein, 0,5
- eine gemeinsame Schnittgerade haben. 1

Darstellungsformen:
- Normalenform (vektoriell oder in Koordinatendarstellung) 0,5
- Parameterform 0,5

b) 20 Minuten, /
1. Ansatz: Man prüft zuerst auf Parallelität (echt parallel oder identisch). 0,5
Besonders einfach gelingt dies, wenn keine Angabe der eventuellen Schnittgeraden verlangt ist. 0,5
Optimal: Beide Ebenen sind in Koordinatenform gegeben. 0,5
Man prüft, ob die beiden Gleichungen Vielfache voneinander sind. Dies bedeutet, die Ebenen sind identisch. 1
Sind die Normalenvektoren Vielfache voneinander, aber die Konstanten nicht, so sind die Ebenen echt parallel zueinander. 1
Nachteile:
- Ist eine Ebene (oder sind beide) nicht in Koordinatenform gegeben, muss sie erst in diese Form gebracht werden. 1
- Die Schnittgerade kann auf diesem Weg nicht direkt bestimmt werden. 0,5

2. *Ansatz:* Man prüft zuerst, ob es eine Schnittgerade gibt. 0,5
Besonders einfach gelingt dies, wenn eine Ebene in Parameterform, die andere in Koordinatenform gegeben ist. 0,5

Durch Einsetzen der Koordinaten x_1, x_2, x_3 aus der Parameterform (in Abhängigkeit der beiden Parameter) in die Koordinatenform der anderen Ebene eliminiert man einen Parameter und erhält so eine eventuell vorhandene Schnittgerade. 1
Falls man einen Widerspruch erhält, sind die Ebenen echt parallel; 0,5
erhält man „$0 = 0$“, so sind sie identisch. 0,5

Als nachteilig erweist sich, dass man leicht beim Rechnen den Überblick verlieren kann. Dies gilt besonders dann, wenn beide Ebenen in Parameterform vorliegen und man drei Gleichungen und vier Unbekannte hat. In diesem Fall sollte man eine der beiden Ebenen in Koordinatenform umwandeln. 1

Beide Ansätze sind gleichwertig. Vermeiden sollte man immer, dass beide Ebenen in Parameterform zur Untersuchung gewählt werden. 1

Hinweis: Wie üblich bei einem „mathematischen Aufsatz“, sind auch andere Lösungen denkbar.

Klausur 19

BE

Die Punkte $A(-11|5|-9)$, $B(-3|4|-5)$ und $D(1|2|9)$ bestimmen die Ebene E.

a) Bestimmen Sie eine Normalenform der Ebene E in Koordinatendarstellung. 7
[Mögliches Zwischenergebnis: $E\colon\ x_1 + 16x_2 + 2x_3 - 51 = 0$]

b) Berechnen Sie die Koordinaten des Mittelpunkts F der Strecke [DB]. 2

c) Ermitteln Sie die Koordinaten des Punktes C, welcher zusammen mit A, B und D ein Parallelogramm ABCD bildet. Bestimmen Sie die Innenwinkel und den Flächeninhalt des Parallelogramms. 13
[Zwischenergebnis: $A = 18\sqrt{29}$]

d) Ermitteln Sie die beiden Punkte S_1 und S_2, welche senkrecht über F stehen und von der Ebene E einen Abstand von $12\sqrt{29}$ LE haben. 8
[Mögliches Zwischenergebnis: $S_1(3|67|10)$]

e) Berechnen Sie das Volumen der Pyramide $ABCDS_1$. 3

f) Es wird nun eine Ebene H parallel zu E gelegt. Diese wird zwischen S_1 und E bewegt und mit der Pyramide aus Teilaufgabe e geschnitten. Auf diese Weise entsteht eine neue Pyramide mit der Spitze S_1 und einer in H liegenden Grundfläche.
Geben Sie mit Begründung Folgendes an:
- Welches Volumen bezogen auf das Originalvolumen hat die neue Pyramide, wenn H genau zwischen S_1 und E in der Mitte liegt?
- In welche Richtung und wie weit von der Spitze entfernt müsste man die Ebene H bewegen, damit das Volumen der neuen Pyramide halb so groß ist wie das Originalvolumen? Stellen Sie Ihren Lösungsweg dar. 7

Hinweise und Tipps

- Stellen Sie die Ebene zunächst in Parameterform auf und wandeln Sie sie dann in Koordinatenform um.
- Berechnen Sie dazu den Normalenvektor mithilfe des Vektorprodukts.
- Die Formel für den Mittelpunkt einer Strecke finden Sie in der Merkhilfe.
- Skizzieren Sie für Aufgabe c das Parallelogramm und stellen Sie eine Vektorgleichung auf, um C zu bestimmen.
- Nutzen Sie zur Berechnung der Innenwinkel die Formel zur Berechnung des Winkels zwischen zwei Vektoren.
- Berechnen Sie den Flächeninhalt mithilfe des Vektorprodukts.
- Stellen Sie für Aufgabe d eine Lotgerade zu E durch F mit normiertem Richtungsvektor auf.
- Verwenden Sie den angegebenen Abstand als Parameter (positiv und negativ) in der Lotgeraden, um die beiden Punkte zu bestimmen.
- Nutzen Sie für Aufgabe e den elementargeometrischen Ansatz und verwenden Sie die Ergebnisse der anderen Teilaufgaben.
- Denken Sie bei Aufgabe f an die Eigenschaften einer zentrischen Streckung.

Vertiefende Hinweise zum Lösen der Aufgaben finden Sie in
Abitur-Training Analytische Geometrie (Buch-Nr.: 940051)

3.3 Addition und skalare Multiplikation von Vektoren
4.2 Länge eines Vektors
4.3 Winkel zwischen zwei Vektoren
5.1 Geraden
5.2 Ebenen
6.1 Der Normalenvektor
6.2 Vektorprodukt
6.4 Koordinatenform der Ebene
8.2 Abstand zwischen geometrischen Objekten
9.1 Fläche eines Parallelogramms
9.3 Volumen einer Pyramide

Lösung

a) 10 Minuten,

Die Ebene E ist durch einen Aufpunkt (z. B. A) und zwei linear unabhängige Richtungsvektoren $\vec{u} = \overrightarrow{AB}$ und $\vec{v} = \overrightarrow{AD}$ festgelegt. Damit erhält man die Parameterform der Ebene E.

$E:\ \vec{X} = \vec{A} + \lambda\vec{u} + \mu\vec{v}$ — siehe Merkhilfe

$$\vec{u} = \overrightarrow{AB} = \vec{B} - \vec{A} = \begin{pmatrix} -3 \\ 4 \\ -5 \end{pmatrix} - \begin{pmatrix} -11 \\ 5 \\ -9 \end{pmatrix} \qquad 1$$

$$= \begin{pmatrix} -3+11 \\ 4-5 \\ -5+9 \end{pmatrix} = \begin{pmatrix} 8 \\ -1 \\ 4 \end{pmatrix} \qquad 0{,}5$$

$$\vec{v} = \overrightarrow{AD} = \vec{D} - \vec{A} = \begin{pmatrix} 1 \\ 2 \\ 9 \end{pmatrix} - \begin{pmatrix} -11 \\ 5 \\ -9 \end{pmatrix} \qquad 1$$

$$= \begin{pmatrix} 12 \\ -3 \\ 18 \end{pmatrix} = 3 \cdot \begin{pmatrix} 4 \\ -1 \\ 6 \end{pmatrix} \qquad 0{,}5$$

Ein Normalenvektor der Ebene E ergibt sich als Vektorprodukt der beiden Richtungsvektoren:

$$\begin{pmatrix} 8 \\ -1 \\ 4 \end{pmatrix} \times \begin{pmatrix} 4 \\ -1 \\ 6 \end{pmatrix}$$

$$\begin{matrix} 8 & 4 \\ -1 & -1 \end{matrix}$$

Rechenregel siehe Merkhilfe — 0,5
Trick: 2 Zeilen dazuschreiben, Einstieg in der 2. Zeile

$$= \begin{pmatrix} -1\cdot 6 - 4\cdot(-1) \\ 4\cdot 4 - 8\cdot 6 \\ 8\cdot(-1) - (-1)\cdot 4 \end{pmatrix} \qquad 0{,}5$$

$$= \begin{pmatrix} -6+4 \\ 16-48 \\ -8+4 \end{pmatrix}$$

$$= \begin{pmatrix} -2 \\ -32 \\ -4 \end{pmatrix} = -2 \cdot \begin{pmatrix} 1 \\ 16 \\ 2 \end{pmatrix} \qquad 1$$

$$\Rightarrow\ E:\ x_1 + 16x_2 + 2x_3 + c = 0 \qquad 0{,}5$$

Die Konstante c lässt sich bestimmen, indem ein Punkt, z. B. D(1 | 2 | 9), eingesetzt wird: 0,5

$$1 + 16 \cdot 2 + 2 \cdot 9 + c = 0$$
$$51 + c = 0$$
$$c = -51$$ 1

$\Rightarrow$ E: $x_1 + 16x_2 + 2x_3 - 51 = 0$

b) 3 Minuten,

$\vec{F} = \frac{1}{2}(\vec{D} + \vec{B})$ — Formel siehe Merkhilfe

$= \frac{1}{2}\begin{pmatrix} 1-3 \\ 2+4 \\ 9-5 \end{pmatrix}$ 0,5

$= \frac{1}{2}\begin{pmatrix} -2 \\ 6 \\ 4 \end{pmatrix}$ 0,5

$= \begin{pmatrix} -1 \\ 3 \\ 2 \end{pmatrix}$ 0,5

$\Rightarrow$ F(−1 | 3 | 2) 0,5

c) 21 Minuten, /

Koordinaten des Punktes C:

Skizze: 0,5

D C F A B

$\overrightarrow{AB} = \overrightarrow{DC}$

$\vec{B} - \vec{A} = \vec{C} - \vec{D}$

$\vec{C} = \vec{B} - \vec{A} + \vec{D}$ 0,5

$\vec{C} = \begin{pmatrix} -3+11+1 \\ 4-\ 5+2 \\ -5+\ 9+9 \end{pmatrix}$ 1

$= \begin{pmatrix} 9 \\ 1 \\ 13 \end{pmatrix} \Rightarrow$ C(9 | 1 | 13)

Berechnung der Innenwinkel:

$\cos\alpha = \frac{\overrightarrow{AB} \circ \overrightarrow{AD}}{|\overrightarrow{AB}| \cdot |\overrightarrow{AD}|}$ — Anwendung der Formel aus Merkhilfe 0,5

$\cos\alpha = \dfrac{\begin{pmatrix}8\\-1\\4\end{pmatrix} \circ \begin{pmatrix}12\\-3\\18\end{pmatrix}}{\sqrt{8^2+(-1)^2+4^2}\cdot\sqrt{12^2+(-3)^2+18^2}}$	Vektoren aus Teil a	1,5
$= \dfrac{8\cdot 12+(-1)\cdot(-3)+4\cdot 18}{\sqrt{81}\cdot\sqrt{477}}$	Skalarprodukt berechnen	1,5
$= \dfrac{171}{\sqrt{81}\cdot\sqrt{477}}$		0,5
$\alpha \approx 29{,}5°$		0,5
$\Rightarrow \quad \gamma = 29{,}5°$	gegenüberliegende Winkel im Parallelogramm	0,5
$\beta = \delta = 180° - \alpha$ $\beta = \delta = 150{,}5°$	Winkelsumme im Viereck (bzw. Nebenwinkel)	1

Berechnung des Flächeninhalts:

Die Formel für den Flächeninhalt des Parallelogramms kann man sich aus der Formel für Dreiecke (siehe Merkhilfe) erschließen:

$A_{\square} = \lvert \overrightarrow{AB} \times \overrightarrow{AD} \rvert$	Dreieck entspricht einem halben Parallelogramm	1
$\overrightarrow{AB} \times \overrightarrow{AD}$ $= \begin{pmatrix}8\\-1\\4\end{pmatrix} \times \begin{pmatrix}12\\-3\\18\end{pmatrix}$		1
$= 3\cdot\left[\begin{pmatrix}8\\-1\\4\end{pmatrix} \times \begin{pmatrix}4\\-1\\6\end{pmatrix}\right]$		0,5
$= 3\cdot\begin{pmatrix}-2\\-32\\-4\end{pmatrix}$	Ergebnis aus Teil a nutzen	
$= -6\begin{pmatrix}1\\16\\2\end{pmatrix}$		0,5

Betragsbildung führt auf:

$A_{\square} = 6\cdot\sqrt{1^2+16^2+2^2}$	1
$= 6\cdot\sqrt{261}$ $= 6\cdot\sqrt{9\cdot 29}$ $= 6\cdot 3\cdot\sqrt{29}$ $= 18\sqrt{29}$	1

d) 🕓 14 Minuten,

Man bildet die Lotgerade ℓ auf E durch F. Als Richtungsvektor der Lotgeraden ℓ verwendet man den normierten Normalenvektor der Ebene E. Der Richtungsvektor der Lotgeraden hat damit die Länge 1. 2

$$\vec{n} = \begin{pmatrix} 1 \\ 16 \\ 2 \end{pmatrix}$$ Ergebnis aus Teil a

$$|\vec{n}| = \sqrt{1^2 + 16^2 + 2^2} = \sqrt{261} = 3\sqrt{29}$$ 1

$$\ell\text{: } \vec{X} = \begin{pmatrix} -1 \\ 3 \\ 2 \end{pmatrix} + \sigma \cdot \underbrace{\frac{1}{3\sqrt{29}} \begin{pmatrix} 1 \\ 16 \\ 2 \end{pmatrix}}_{\text{Länge 1}}$$ 1

S_1 und S_2 sollen von der Ebene E und somit auch vom Lotfußpunkt F den Abstand $12\sqrt{29}$ haben. Man muss also von $F(-1\,|\,3\,|\,2)$ um $\pm 12\sqrt{29}$ senkrecht nach oben bzw. unten gehen. Dazu setzt man in obiger Lotgerade $\sigma = \pm 12\sqrt{29}$. 1

$$\vec{S} = \begin{pmatrix} -1 \\ 3 \\ 2 \end{pmatrix} \pm 12\sqrt{29} \cdot \frac{1}{3\sqrt{29}} \begin{pmatrix} 1 \\ 16 \\ 2 \end{pmatrix}$$

$$= \begin{pmatrix} -1 \\ 3 \\ 2 \end{pmatrix} \pm 4 \cdot \begin{pmatrix} 1 \\ 16 \\ 2 \end{pmatrix}$$ 1

$$\overrightarrow{S_1} = \begin{pmatrix} 3 \\ 67 \\ 10 \end{pmatrix}$$ Ergebnis für „+“ 1

$$\overrightarrow{S_2} = \begin{pmatrix} -5 \\ -61 \\ -6 \end{pmatrix}$$ Ergebnis für „–“ 1

Alternativer Lösungsweg:

Man bestimmt zunächst den Abstand eines beliebigen Punktes P auf der (nicht notwendig normierten) Lotgeraden ℓ' zum Fußpunkt F und setzt diesen dann gleich $\pm 12\sqrt{29}$:

$$\ell'\text{: } \vec{X} = \begin{pmatrix} -1 \\ 3 \\ 2 \end{pmatrix} + \mu \cdot \begin{pmatrix} 1 \\ 16 \\ 2 \end{pmatrix}$$

$$|\overrightarrow{FP}| = \left| \mu \cdot \begin{pmatrix} 1 \\ 16 \\ 2 \end{pmatrix} \right| \stackrel{!}{=} \pm 12\sqrt{29} \quad \Leftrightarrow \quad \sqrt{261\mu^2} = \pm 12\sqrt{29} \quad \Leftrightarrow \quad \mu = \pm 4$$

Setzt man diesen Parameterwert in ℓ' ein, erhält man S_1 und S_2.

e) 4 Minuten, /
Einfacher als mit der Formel der Merkhilfe errechnet sich das Volumen der Pyramide unter Verwendung der bisherigen Ergebnisse elementargeometrisch:

$V = \frac{1}{3} G \cdot h$	Volumen einer Pyramide	1
$G = A_{\square} = 18 \cdot \sqrt{29}$	Ergebnis aus Teil c	0,5
$h = \lvert \overrightarrow{FS_1} \rvert = 12\sqrt{29}$	vgl. Aufgabe d	0,5
$V = \frac{1}{3} \cdot 18\sqrt{29} \cdot 12\sqrt{29}$	Einsetzen in die Formel	
$= 2\,088$		1

f) 8 Minuten, /
Es handelt sich um eine zentrische Streckung mit Zentrum S_1.

- Wenn H genau in der Mitte zwischen S_1 und Ebene E liegt, ist die Höhe der neuen Pyramdie $\frac{1}{2} \cdot d(S_1; E) \Rightarrow$ Das Volumen beträgt $\left(\frac{1}{2}\right)^3 = \frac{1}{8}$ der ursprünglichen Pyramide. — 3
- Man müsste H weiter in Richtung E bewegen. Das Volumen V' der neuen Pyramide soll $\frac{1}{2}V$ betragen. Also gilt:

(1) $\frac{V'}{V} = \lambda^3$	$\lambda \mathrel{\hat{=}}$ Streckungsfaktor der zentrischen Streckung	1
(2) $\frac{V'}{V} = \frac{1}{2}$		1
$\Rightarrow \lambda^3 = \frac{1}{2}$		
$\lambda = \sqrt[3]{\frac{1}{2}} \approx 0{,}79$		1

Der Abstand von S_1 zu H müsste 79 % des Abstandes von S_1 zu E betragen. — 1

Klausur 20

BE

Im Hinterhof der Familien Schmitt und Craig soll an die kleinen Häuser ein gemeinsamer Wellnessbereich angebaut werden, der von beiden Häusern genutzt werden kann. Das Haus der Familie Schmitt hat den Hintereingang in der x_2x_3-Ebene; durch diesen soll der Anbau betreten werden. Das Haus von Familie Craig steht über Eck. Familie Craig wird den Wellnessbereich ebenfalls über ihren Hintereingang, der in der x_1x_3-Ebene liegt, begehen. Die Grundfläche der Wellnessoase liegt in der x_1x_2-Ebene. Durch die Punkte $Q(7|2|5)$, $R(2|7|5)$ und $T(0|7|6)$ ist die Ebene E festgelegt, in der das Dach liegt. S und P liegen ebenfalls in der Ebene E, S liegt auf der x_3-Achse, P liegt in der x_1x_3-Ebene, PT ist parallel zu QR. Eine Längeneinheit beträgt einen Meter. Den Bauplan können Sie folgender Skizze entnehmen:

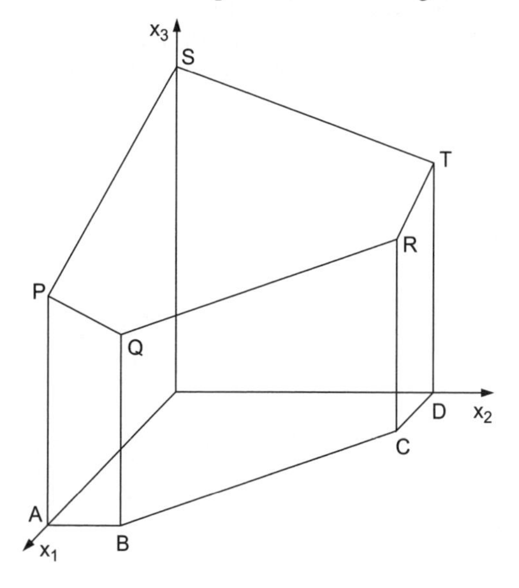

a) Bestimmen Sie die Gleichung der Ebene E, in der das Dach liegt, in Parameter- und in Koordinatenform.
[Mögliches Zwischenergebnis: E: $x_1 + x_2 + 2x_3 - 19 = 0$] 4

b) Berechnen Sie die Koordinaten der Spitze S des Daches sowie des Eckpunktes P an der Hauswand von Familie Craig. 6

c) Die Punkte A, B, C und D sind die Projektionen der Punkte P, Q, R und T in die x_1x_2-Ebene. Geben Sie die Koordinaten dieser Punkte an. 1

d) Claudia Schmitt träumt von einem kleinen Schwimmbecken, das von A, B, C und D begrenzt wird. Sie hofft, dass es etwa 9 bis 10 m lang und ca. 1,5 m breit ist. Roland Craig bezweifelt, dass die restliche Fläche für zwei Liegen, eine kleine Sauna, Dusche und Toilette sowie zwei Hometrainer reichen wird.
Berechnen Sie die Flächen und nehmen Sie konkret Stellung zu den aufgeworfenen Fragen. Versuchen Sie eine Lösung zu kommunizieren. 12

e) Peggy Craig wünscht sich, dass das Dach vollständig aus Glas ist.
Berechnen Sie, wie viel Glas benötigt wird. 8

f) Für die Montage des Glasdaches wird überlegt, eine Stütze senkrecht zum Dach im Ursprung zu fixieren. Berechnen Sie deren Länge. Berechnen Sie auch den Punkt, in welchem die Stütze das Dach trifft.
Das Fixieren der Stütze im Nullpunkt ist gut, aber noch nicht optimal. Diskutieren Sie kurz an, worauf man achten könnte. Verwenden Sie die mathematische Fachsprache. 9

Hinweise und Tipps

- Bestimmen Sie zuerst die Parameterform der Ebenengleichung (vgl. Merkhilfe) und berechnen Sie dann über das Vektorprodukt einen Normalenvektor.
- Lesen Sie den Text genau und nutzen Sie für Aufgabe b aus, was über die besondere Lage der beiden Punkte erwähnt wird.
- Überlegen Sie für Aufgabe c, welche Koordinate null sein muss.
- Fertigen Sie für Aufgabe d zunächst eine Zeichnung in der x_1x_2-Ebene an.
- Zerlegen Sie die gesamte Fläche in ein Trapez (Schwimmbecken) und ein gleichschenklig-rechtwinkliges Dreieck (Restfläche).
- Berechnen Sie die Seiten des Trapezes und seine Höhe elementargeometrisch.
- Die Interpretation kann in mehrere Richtungen gehen, es muss insgesamt schlüssig argumentiert werden.
- Eine Skizze mit einer möglichen Raumaufteilung ist hilfreich und kann selbsterklärend sein.
- Zerlegen Sie für Aufgabe e die Dachfläche ebenfalls in ein Dreieck und ein Trapez.
- Beachten Sie dabei, dass dieses Dreieck nicht rechtwinklig, aber gleichschenklig ist (Nachweis erforderlich!).
- Bestimmen Sie für Aufgabe f die Hesse'sche Normalenform von E und berechnen Sie den Abstand zum Ursprung. Alternativ können Sie zuerst den Punkt bestimmen, in dem die Stütze das Dach trifft, und daraus die Länge der Stütze als Abstand zweier Punkte ermitteln.
- Schneiden Sie die Lotgerade durch den Ursprung mit der Dachebene E.
- Idee für die Diskussion: Schwerpunkt des Daches

Vertiefende Hinweise zum Lösen der Aufgaben finden Sie in
Abitur-Training Analytische Geometrie (Buch-Nr.: 940051)

2.1 Koordinatensystem
3.2 Punkte und Vektoren
3.5 Lineare Abhängigkeit und Unabhängigkeit
4.2 Länge eines Vektors
4.3 Winkel zwischen zwei Vektoren
5.1 Geraden
5.2 Ebenen
6.1 Der Normalenvektor
6.2 Vektorprodukt
6.4 Koordinatenform der Ebene
7.2 Berechnungen mithilfe der Koordinatenform
8.2 Abstand zwischen geometrischen Objekten

Lösung

a) 5 Minuten,

Ebene E durch die 3 Punkte Q, R, T in Parameterform:

$E: \vec{X} = \vec{Q} + \lambda\overrightarrow{QR} + \mu\overrightarrow{QT}$ siehe Merkhilfe 0,5

$$E: \vec{X} = \begin{pmatrix}7\\2\\5\end{pmatrix} + \lambda\begin{pmatrix}2-7\\7-2\\5-5\end{pmatrix} + \mu\begin{pmatrix}0-7\\7-2\\6-5\end{pmatrix}$$ 0,5

$$= \begin{pmatrix}7\\2\\5\end{pmatrix} + \lambda\begin{pmatrix}-5\\5\\0\end{pmatrix} + \mu\begin{pmatrix}-7\\5\\1\end{pmatrix}$$

Der erste Richtungsvektor lässt sich vereinfachen mit $\delta = 5\lambda$.

$$= \begin{pmatrix}7\\2\\5\end{pmatrix} + \delta\begin{pmatrix}-1\\1\\0\end{pmatrix} + \mu\begin{pmatrix}-7\\5\\1\end{pmatrix}$$ 1

Um den Normalenvektor zu erhalten, bildet man das Vektorprodukt aus den beiden Richtungsvektoren:

$$\vec{n}_E = \begin{pmatrix}-1\\1\\0\end{pmatrix} \times \begin{pmatrix}-7\\5\\1\end{pmatrix} = \begin{pmatrix}1\cdot 1 - 0\cdot 5\\ 0\cdot(-7) - (-1)\cdot 1\\ -1\cdot 5 - 1\cdot(-7)\end{pmatrix}$$

$$\begin{matrix}-1 & -7\\ 1 & 5\end{matrix}$$

Rechenregel siehe Merkhilfe
Trick: 2 Zeilen dazuschreiben, Einstieg in der 2. Zeile 0,5

$$= \begin{pmatrix}1\\1\\2\end{pmatrix}$$ 0,5

$\Rightarrow$ E: $x_1 + x_2 + 2x_3 + c = 0$ 0,5

Punkt Q(7 | 2 | 5) einsetzen, um c zu bestimmen:

$7 + 2 + 2\cdot 5 + c = 0$

$c = -19$ 0,5

$\Rightarrow$ E: $x_1 + x_2 + 2x_3 - 19 = 0$

b) 9 Minuten,

Koordinaten der Spitze S:

S liegt auf der x_3-Achse, hat also Koordinaten der Form S(0 | 0 | k), $k \in \mathbb{R}$. 0,5

Außerdem liegt S in der Ebene E; Einsetzen ergibt:

$0 + 0 + 2\cdot k - 19 = 0$ 0,5

$k = 8{,}5$

$\Rightarrow$ S(0 | 0 | 8,5) 1

Koordinaten des Eckpunktes P:

P liegt in der x_1x_3-Ebene $\Rightarrow$ $P(p_1|0|p_3)$ 1

Außerdem gilt: $PT \parallel QR$

Man bildet den Vektor $\overrightarrow{PT}$:

$$\overrightarrow{PT} = \vec{T} - \vec{P} = \begin{pmatrix} 0-p_1 \\ 7-0 \\ 6-p_3 \end{pmatrix} = \begin{pmatrix} -p_1 \\ 7 \\ 6-p_3 \end{pmatrix}$$ 1

Dieser muss kollinear zu $\overrightarrow{QR}$ bzw. einem Vielfachen von $\overrightarrow{QR}$ sein.

$$\overrightarrow{QR} = 5 \cdot \begin{pmatrix} -1 \\ 1 \\ 0 \end{pmatrix}$$ aus Aufgabe a

Man erhält ein Gleichungssystem mit p_1, p_3 und λ:

$$\begin{pmatrix} -p_1 \\ 7 \\ 6-p_3 \end{pmatrix} = \lambda \begin{pmatrix} -1 \\ 1 \\ 0 \end{pmatrix}$$ 1

$$\left.\begin{array}{ll} (1) & -p_1 = -\lambda \;\Rightarrow\; p_1 = \lambda \\ (2) & 7 = \lambda \end{array}\right\} p_1 = 7$$ 0,5

(3) $6 - p_3 = 0 \;\Rightarrow\; p_3 = 6$ 0,5

$\Rightarrow$ $P(7|0|6)$

Wegen der Parallelität von $\overrightarrow{PT}$ zu $\overrightarrow{QR}$ ist klar, dass P in E liegt.
Alternativ kann man P in E einsetzen:
$7 + 0 + 2 \cdot 6 - 19 = 0$ wahr
Außerdem ist es aus dem Kontext klar.

c) 2 Minuten,

$x_3 = 0$

$P(7|0|6) \Rightarrow A(7|0|0)$

$Q(7|2|5) \Rightarrow B(7|2|0)$ 1

$R(2|7|5) \Rightarrow C(2|7|0)$

$T(0|7|6) \Rightarrow D(0|7|0)$

d) 18 Minuten, /

Die betrachteten Flächen liegen in der x_1x_2-Ebene. Ein zweidimensionales Koordinatensystem ist hilfreich.
Die Fläche für das Wasserbecken ist ein Trapez. Die restliche Fläche ist ein Dreieck.

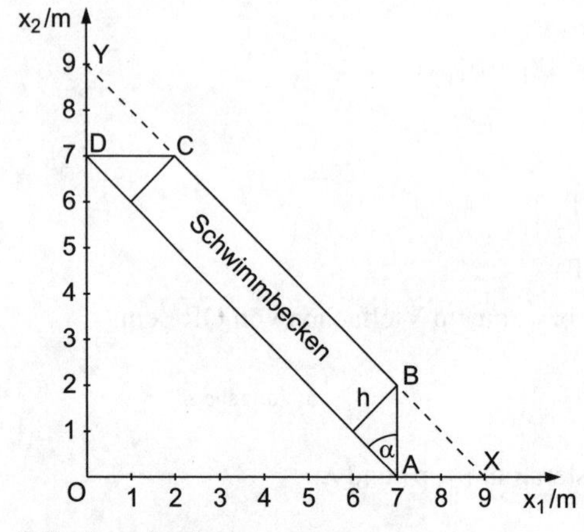

Schwimmbecken:

Die Trapezfläche ist zu errechnen oder abzuschätzen:

Die Gerade AD hat die Gleichung $x_2 = -x_1 + 7$.

$\Rightarrow \quad \alpha = 45°$ — Steigungswinkel einer Geraden — 0,5

$\overline{OA} = \overline{OD} = 7 \quad \Rightarrow \quad \overline{AD} = 7\sqrt{2}$ — Pythagoras — 0,5

$$\left.\begin{array}{l} \sin 45° = \dfrac{h}{\overline{AB}} = \dfrac{h}{2} \\ \sin 45° = \dfrac{1}{2}\sqrt{2} \end{array}\right\} h = \sqrt{2}$$

Sinus im rechtwinkligen Dreieck bzw. Taschenrechnerwert — 1,5

$\overline{AB} = \overline{AX} = 2 \quad \text{mit} \quad X(0\,|\,0\,|\,9)$

$\Rightarrow \quad \overline{BX} = 2\sqrt{2}$ — Pythagoras — 0,5

$\Rightarrow \quad \overline{BC} = 5\sqrt{2}$ — Symmetrie — 0,5

Zusammenstellung der Maße:

$$\left.\begin{array}{l} \overline{AD} = 7\sqrt{2} \approx 9{,}9 \\ \overline{BC} = 5\sqrt{2} \approx 7{,}1 \end{array}\right\} \text{Mittelwert } m = 6\sqrt{2} \approx 8{,}5$$

1

$h = \sqrt{2} \approx 1{,}4$ — 0,5

$\Rightarrow \quad A = m \cdot h$ — Flächenformel für Trapez

$A = 12 \ [m^2]$ — 1

Claudias Traum vom Schwimmbecken ist in der erhofften Form unrealistisch, da auch noch die Wandstärke hinzukommt. Er müsste modifiziert werden. — 1

Restfläche:

Die Restfläche errechnet sich nach:

$$A = \frac{1}{2} a \cdot b$$

rechtwinkliges Dreieck mit den Katheten a und b

$$A = \frac{1}{2} \cdot 7 \cdot 7 = 24{,}5 \ [m^2]$$ 1

Mögliche Einteilung der Fläche:

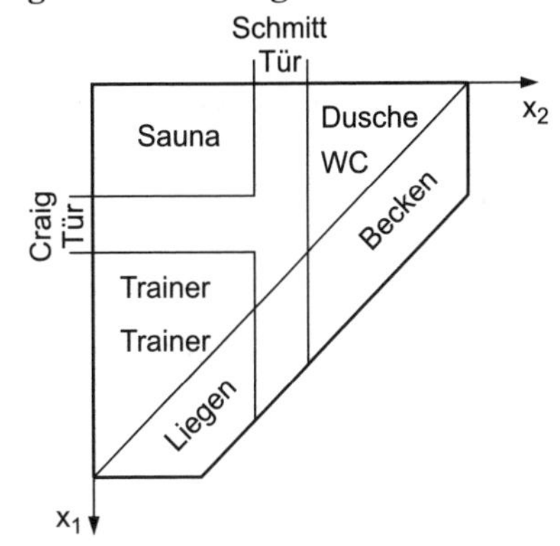

Die restliche Fläche ist zu klein für zwei Liegen, Sauna, Dusche und WC sowie zwei Hometrainer. Man könnte ein kleineres Becken einplanen und die dadurch entstehende Fläche für die Liegen nutzen (vgl. Bild oben). 3

e) ⏲ 12 Minuten,

Dachfläche: Die Berechnung erfolgt ähnlich wie in Aufgabe d, jetzt jedoch im 3-dimensionalen Raum.

Trapez PQRT:

Die Grundlinien sind genauso lang wie die am Boden: 0,5

$\overline{PT} = 7\sqrt{2}$ und $\overline{QR} = 5\sqrt{2}$

M_1 ist Mittelpunkt von [PT]:

$$\overrightarrow{M_1} = \frac{1}{2}\begin{pmatrix} 7+0 \\ 0+7 \\ 6+6 \end{pmatrix} = \begin{pmatrix} 3{,}5 \\ 3{,}5 \\ 6 \end{pmatrix}$$

Formel aus der Merkhilfe 0,5

M_2 ist Mittelpunkt von [QR]:

$$\overrightarrow{M_2} = \frac{1}{2}\begin{pmatrix} 7+2 \\ 2+7 \\ 5+5 \end{pmatrix} = \begin{pmatrix} 4{,}5 \\ 4{,}5 \\ 5 \end{pmatrix}$$ 0,5

$$h = \overline{M_1M_2} = \sqrt{1^2 + 1^2 + 1^2} = \sqrt{3}$$

gleichschenkliges (symmetrisches) Trapez 0,5

$\Rightarrow \quad A_{Trapez} = \frac{1}{2}(\overline{PT} + \overline{QR}) \cdot h$ — Flächenformel für Trapez — 0,5

$= \frac{1}{2}(7\sqrt{2} + 5\sqrt{2}) \cdot \sqrt{3}$

$= \frac{1}{2} \cdot 12\sqrt{2} \cdot \sqrt{3}$

$= 6\sqrt{6} \approx 14,7 \ [m^2]$ — 0,5

Dreieck PTS:

Da nicht erkennbar ist, ob das Dreieck rechtwinklig ist, verwendet man die Grundformel $A_\Delta = \frac{1}{2} g \cdot h$.

Die Länge der Grundlinie [PT] ist bekannt:

$\overline{PT} = 7\sqrt{2} \approx 9,9$ — 0,5

Es gilt: $h = d(S; PT)$

Falls das Dreieck gleichschenklig ist, gilt $h = \overline{SM_1}$. Um dies zu prüfen, vergleicht man $\overrightarrow{SP}$ und $\overrightarrow{ST}$:

$\overrightarrow{SP} = \begin{pmatrix} 7-0 \\ 0-0 \\ 6-8,5 \end{pmatrix} = \begin{pmatrix} 7 \\ 0 \\ -2,5 \end{pmatrix}$ — 0,5

$\overrightarrow{ST} = \begin{pmatrix} 0-0 \\ 7-0 \\ 6-8,5 \end{pmatrix} = \begin{pmatrix} 0 \\ 7 \\ -2,5 \end{pmatrix}$ — 0,5

Man erkennt: $\overline{SP} = \overline{ST}$ — gleiche Zahlenwerte, unterschiedlich verteilt — 0,5

Also ist das Dreieck PTS gleichschenklig.

Anmerkung: Wegen $\overrightarrow{SP} \circ \overrightarrow{ST} \neq 0$ erkennt man, dass das Dreieck nicht rechtwinklig ist.

Es folgt: $h = \overline{M_1S}$ — 0,5

$\overrightarrow{M_1S} = \begin{pmatrix} 0 \\ 0 \\ 8,5 \end{pmatrix} - \begin{pmatrix} 3,5 \\ 3,5 \\ 6 \end{pmatrix} = \begin{pmatrix} -3,5 \\ -3,5 \\ 2,5 \end{pmatrix}$ — 0,5

$\overline{M_1S} = \sqrt{3,5^2 + 3,5^2 + 2,5^2} = \sqrt{30,75} \approx 5,5$ — 0,5

$A_\Delta = \frac{1}{2} \cdot 7\sqrt{2} \cdot \sqrt{30,75} \approx 27,4 \ [m^2]$ — 0,5

$A_{Dach} = A_\Delta + A_{Trapez} = 27,4 + 14,7 \approx 42,1 \ [m^2]$ — 0,5

Für das Dach werden ca. 42 m^2 Glas benötigt. — 0,5

f) 14 Minuten,

Länge der Stütze:

Mögliche Lösung:

Man bringt die Dachebene E in die Hesse'sche Normalenform:

$E\colon\ x_1 + x_2 + 2x_3 - 19 = 0$ — aus Aufgabe a

$\uparrow$ $\ominus \rightarrow$ Orientierung stimmt — 0,5

Der Normalenvektor $\vec{n} = \begin{pmatrix} 1 \\ 1 \\ 2 \end{pmatrix}$ muss normiert werden:

$|\vec{n}| = \sqrt{1^2 + 1^2 + 2^2} = \sqrt{6}$ — 0,5

$E_H\colon\ \frac{1}{\sqrt{6}}(x_1 + x_2 + 2x_3 - 19) = 0$ — HNF von E — 0,5

$d(O, E_H) = \left| -\frac{19}{\sqrt{6}} \right| \approx 7{,}8$ — Abstand eines Punktes von einer Ebene — 0,5

Die Stütze müsste 7,8 m lang sein. — 1

Als Alternative kann man zuerst den Stützpunkt Z bestimmen und anschließend den Abstand über $d(O, E_H) = |\overrightarrow{OZ}|$.

Hinweis: Die Lösungsvarianten sind gleichberechtigt.

Fixierpunkt der Stütze am Dach:

Die Stütze kann durch eine Gerade dargestellt werden:

$\ell\colon\ \vec{X} = \vec{O} + \lambda \circ \vec{n}_E$ — 0,5

$\ell\colon\ \vec{X} = \lambda \begin{pmatrix} 1 \\ 1 \\ 2 \end{pmatrix}$ — 0,5

Diese Lotgerade wird mit der Ebene geschnitten. Dazu setzt man ℓ in E ein:

$\lambda + \lambda + 4\lambda - 19 = 0$ — 0,5

$6\lambda = 19$

$\lambda = \frac{19}{6} = 3\frac{1}{6}$ — 0,5

$\Rightarrow$ Schnittpunkt mit der Dachebene: $Z\left(3\frac{1}{6} \,\middle|\, 3\frac{1}{6} \,\middle|\, 6\frac{1}{3}\right)$ — 1

Diskussion:

Die Stütze sollte für eine optimale Fixierung das Dach im Schwerpunkt treffen. Dieser müsste aus Symmetriegründen auf folgender Linie liegen:

$\vec{X} = \vec{S} + \lambda \overrightarrow{M_1M_2}$ M_1 und M_2 aus Aufgabe e 1

$$\vec{X} = \begin{pmatrix} 0 \\ 0 \\ 8{,}5 \end{pmatrix} + \lambda \begin{pmatrix} 1 \\ 1 \\ -1 \end{pmatrix}$$ 0,5

Setzt man $\vec{Z}$ ein, erhält man:

(1) $\lambda = 3\frac{1}{6}$

(2) $\lambda = 3\frac{1}{6}$

(3) $8{,}5 - \lambda = 6\frac{1}{3} \Rightarrow \lambda = 2\frac{1}{6}$ 1

$\Rightarrow$ Es passt nicht ganz, die vorgeschlagene Fixierung stützt das Dach nicht im Schwerpunkt.

Andererseits lässt sich mathematisch der Schwerpunkt der Dachfläche wegen der Form (zusammengesetzt aus Dreieck und Trapez) nicht mit einfachen Mitteln exakt bestimmen. 0,5

Ihre Meinung ist uns wichtig!

Ihre Anregungen sind uns immer willkommen. Bitte informieren Sie uns mit diesem Schein über Ihre Verbesserungsvorschläge!

Titel-Nr.	Seite	Vorschlag

Bitte hier abtrennen

Bitte hier abtrennen

Zutreffendes bitte ankreuzen!

Die Absenderin/der Absender ist:

- ☐ Lehrer/in in den Klassenstufen: ______
- ☐ Fachbetreuer/in
  Fächer: ______
- ☐ Seminarlehrer/in
  Fächer: ______
- ☐ Regierungsfachberater/in
  Fächer: ______
- ☐ Oberstufenbetreuer/in
- ☐ Schulleiter/in
- ☐ Referendar/in, Termin 2. Staatsexamen: ______
- ☐ Leiter/in Lehrerbibliothek
- ☐ Leiter/in Schülerbibliothek
- ☐ Sekretariat
- ☐ Eltern
- ☐ Schüler/in, Klasse: ______
- ☐ Sonstiges: ______

Unterrichtsfächer: (Bei Lehrkräften!)

______

STARK Verlag
Postfach 1852
85318 Freising

21-V1T_NW

Bitte ausfüllen und im frankierten Umschlag an uns einsenden. Für Fensterkuverts geeignet.

Kennen Sie Ihre Kundennummer? Bitte hier eintragen.

Absender (Bitte in Druckbuchstaben!)

Name/Vorname

Straße/Nr.

PLZ/Ort/Ortsteil

Telefon privat

Geburtsjahr

E-Mail

Schule/Schulstempel (Bitte immer angeben!)

(Bitte blättern Sie um)

Abi in der Tasche – und dann?

In den **STARK**-Ratgebern finden Schülerinnen und Schüler alle Informationen für einen erfolgreichen Start in die berufliche Zukunft.

Bestellungen bitte direkt an:

STARK Verlagsgesellschaft mbH & Co. KG · Postfach 1852 · 85318 Freising
Tel. 0180 3 179000* · Fax 0180 3 179001* · www.stark-verlag.de · info@stark-verlag.de
*9 Cent pro Min. aus dem deutschen Festnetz, Mobilfunk bis 42 Cent pro Min.
Aus dem Mobilfunknetz wählen Sie die Festnetznummer: 08167 9573-0

Lernen • Wissen • Zukunft
STARK

24-V_TRAbi